二次成长

王甜　著

万卷出版有限责任公司
VOLUMES PUBLISHING COMPANY

图书在版编目（CIP）数据

二次成长 / 王甜著. -- 沈阳 ：万卷出版有限责任
公司，2025. 6. -- ISBN 978-7-5470-6788-8

Ⅰ. B842.6-49

中国国家版本馆CIP数据核字第2025W3A315号

出版发行：万卷出版有限责任公司

（地址：沈阳市和平区十一纬路 29 号　邮编：110003）

印　刷　者：三河市金兆印刷装订有限公司

经　销　者：全国新华书店

幅面尺寸：145 mm×210 mm　　1/32

字　　　数：100 千字

印　　　张：6

出版时间：2025 年 6 月第 1 版

印刷时间：2025 年 6 月第 1 次印刷

责任编辑：王雨晴

责任校对：刘　洋

封面设计：东合社

排版制作：文贤阁

ISBN 978-7-5470-6788-8

定　　价：45.00 元

联系电话：024-23284090

传　　真：024-23284448

亲爱的朋友，当你轻轻翻开这本书，自我重塑、二次成长的契机也就此出现啦！

或许你正徘徊在人生的迷雾中，被成长的烦恼所羁绊；或许你曾在无数个寂静的夜晚，望着窗外的灯火阑珊，心中涌起一股莫名的孤独与迷茫。想要倾诉，却发现无人能懂；想要改变，却又不知从何做起。那些未完成的梦想，那些被搁置的热爱，如同沉睡的种子，在心底默默等待。

我们在生活的旋涡中挣扎，渴望挣脱束缚，却又一次次被现实拉回原地。但请相信，无论过去多么不堪，无论现在多么艰难，我们都拥有重新开始的机会。这，就是二次成长的魅力。

就像我们用计算机时会更新软件一样，成年人的二次成长就像是给我们的心理状态来个大升级。和受原生家庭影响的成长不一样，二次成长是我们主动去面对以前没解决的问题和创伤，通过自我重塑来改变自己的性格。就像修补破碎的瓷器，不是要忘记过去，而是用新的方式去填补过去的裂痕，让那些伤痕变成独特的美，给生活带来新的价值。

心理学研究表明，大脑始终具备可塑性，即便成年，靠练习也能改变思维方式、情绪反应以及人际交往模式。而二次成长就是对我们自身的一次重塑：识别童年的创伤；像理想的父母般呵护内心的小孩儿；冲破原生家庭的束缚，打造全新的生活。

在成长过程中，父母的部分错误行为可能成为代际创伤的源头，而这场自我重塑，宛如一场温柔的革命，是我们生命绽放的必经之路。它能终结代际创伤循环，帮我们看清行为根源，避免在亲密关系中重演父母的错误；还能助力重建心灵，修复心理缺失，完善人格；更能激发生命潜能，实现心智升级，帮我们突破职业瓶颈，改善情感关系，夺回情绪掌控权，彻底摆脱焦虑情绪。

二次成长，是一次意义深远的自我改变之旅。它带我们从无知走向智慧，从迷茫走向坚定，从破碎走向完整，由内而外地散发出自信的光芒。那么，让我们张开双臂，开启这场重要的生活升级，热情地迎接二次成长吧！

目录
CONTENTS

第一章 唤醒"内在小孩儿"，找回本真自我

第二章 疗愈内伤，与过去的自己握手言和

第七章 破茧重生，迎来更加广阔的人生

唤醒"内在小孩儿"，找回本真自我

我们每个人的心灵深处，都住着一个小孩儿，
代表着我们最真实、最纯净的自己。
当社会的规范、外界的期望以及生活的压力
使我们感到难以承受时，
让我们尝试唤醒那个纯真、好奇
且富有创造力的自我，
重新建立与本真自我的联系，
重燃对生活的热爱。

按下重启键，开启2.0人生

每个人的少年时期，都有一段热情之火熊熊燃烧的时光。我们怀揣着各种梦想，眼中闪烁着星辰，心中涌动着无限的活力。然而成年后，许多人被所谓的"无意义感"所困扰，仿佛生命变得枯竭。就这样下去吗？不，这正是按下人生重启键，启动自我二次成长的时刻。人生加载中，这次我选自定义模式。

🍂 重燃热爱之火

我们必须重新拥抱所热爱的事物，遏制"无意义感"的蔓延并打破僵局。只有当我们将热情倾注于某项活动时，我们的注意力才会高度集中，进入一种被称为"心流"的状态。在这种状态下，时间似乎停滞了，我们沉浸其中，可以忘却外界的喧嚣和内心的不安，全心全意地投入所热爱的事物中，体验到一种源自内心的满足与快乐。这不仅能减轻压力，还能让我们重新感受到活力，发现生活的意义和自我价值。

要想重新点燃热情的火焰，我们需要学会倾听内心的声音，去探索那些曾经让我们内心激动的事物。即使只是一个微小的兴趣爱好，也可能成为我们重新与世界建立联系的桥梁。

坚持真我

一位自幼被誉为"数学天才"的青年，18 岁被保送至北京大学，不到 30 岁便受聘为该校的助理教授。尽管薪资丰厚，他还是选择了一种极为简朴的生活方式，因为他的世界里唯有数学，沉浸于数学的海洋让他感到无比快乐。这种快乐源自生命的深层体验，它让人感受到生命本质的存在与价值，正如法国哲学家勒奈·笛卡儿所言："我思故我在。"

拥有热爱的事物，能让我们的生命时空变得辽阔；拥有热爱的事物，能拓宽我们的生命维度，让精神世界越发充盈。这份热爱如同强大的羽翼，助力我们冲破现实的桎梏，不被功利的洪流所裹挟。生活中，我们常常不自觉地开启"懂事模式"，压抑内心真实的想法与渴望，只为迎合外界的期待。然而，是时候卸载这一模式了，下载"本真"补丁包，回归内心的纯粹，守护心中那份热爱，这样我们才能在人生的征途上始终维持一份坚韧与执着。

🍃 拥抱变化，勇于蜕变

既然决心重启人生，那就不要自我设限，更不要畏惧探索新领域。成年人的叛逆就在于允许自己"重置系统"。当我们以积极的心态重新面对生活时，更容易发现其中潜藏的美好与乐趣。

以全新的姿态拥抱变化

重启人生，并非"超龄的叛逆"，而是成长的延迟。简单地回归过去，并不能实现真正的重生。如果我们始终蜷缩在茧中，恐惧未知，抗拒改变，就无法像蝴蝶那样经历挣扎破茧而出，更无法在蓝天中自由翱翔。只有在现有基础上，以全新的姿态拥抱变化，勇敢地实现自我蜕变，我们才能真正体验到生命的自由与美好。

忍耐蜕变的痛苦

说得轻松，做却未必容易。蜕变之路往往充满痛苦，我们需要投入更多的精力和资源来修复破碎的内心，并面对外界的质疑与不理解。有时，我们甚至会怀疑自己是否走在正确的道路上。这时候，我们就需要学会接受自己的不完美，并勇于尝试。每一次尝试都是一次自我探索的机会，每一次失败都是一次成长的契机。另外，在心灵遭受痛苦时，我们还可以向亲人、朋友寻求帮助，在亲密关系中获得慰藉，感受支持带来的温暖。

直面自身的不足，重塑自我

重启人生，开启 2.0 人生，把年龄调成静音，把我们的出厂设置设为"永远少年"。让我们以开放的心态，迎接生命中的每一个可能，勇敢地走出舒适区，升级内核，实现二次成长，拥有完整健康的人格与人生。

打破成人世界的"规则"，释放天性

　　在快节奏的现代社会中，成年人日复一日地穿梭于工作与生活的琐事之间，遵守着一个又一个约定俗成的规则，脸上的光彩逐渐褪去，眼神中也难以再寻觅到昔日的热情与好奇，生活中的许多美好也在不知不觉中被错过了。其实，并非所有的"规则"都无法打破，我们完全可以释放自己的天性，活出最真实的自我。

远离"习得性无助"

　　成年人长期被规则束缚，就会陷入名为"习得性无助"的心理陷阱。我们逐渐习惯了高压环境，认为自己无力改变现状，也无法脱离社会去生活，于是陷入了一种痛苦的挣扎与麻木的承受之中。

　　在这种状态下，人的创造力和积极性被严重压抑，如同被禁锢在狭小笼子里的小鸟，失去了自由翱翔的能力，只能在有限的空间里无助地扑腾。因此，我们必须有意识地跳出"习得性无助"陷阱，敢于冲破内心的藩篱，才能让每一次努力都为通往自由积蓄力量！

保持稳定的核心自我

想要打破规则，就得保持稳定的核心自我，不要轻易被外界评价影响；对自己要有较为严苛的要求，擅长自我反思；无论外界如何变化，要坚定地认识到自己真正在乎的是什么，不要随波逐流。

保持稳定的核心自我，能让我们在打破规则、释放天性的时候不会迷失，让每一次的突破都是向着更好的自己前进。

找回赤子之心

打破规则、释放天性的基础在于重拾赤子之心，这是一种对世界充满好奇、对生活充满热情、对未来充满希望的纯真心态。它使我们即便在逆境中也能保持乐观积极的态度，发现生活中的美好与乐趣，从而唤醒我们

二次成长

内心深处的潜能，帮我们实现自我超越和成长。

向孩子学习

在面对生活中的困难和挫折时，应将其视为成长的机遇和挑战，而不是一味地抱怨和逃避。遇到问题时，我们应向孩子学习，运用无拘无束的想象力，换个角度去思考。用跳房子的姿势，跨过 KPI 的方格，像孩子一样充满童趣地面对工作上的挑战。更重要的是，我们要像孩子一样关注自己的内心感受，及时调整自己的情绪，允许自己"笑出鹅叫"，让情绪得到释放。

审视生活与工作的关系

工作无疑是我们生活中非常重要的一部分，但不应占据生活的全部。在工作之余，我们应尝试学习新的技能，探索新的领域，尤其是培养兴趣爱好。兴趣爱好不仅有助于我们放松身心、缓解工作压力，还能让我们结识志同道合的朋友、拓宽社交圈子、丰富生活体验。我们不妨把加班费换成游乐场门票，在工作与生活之间找到平衡，重拾生活的乐趣。

重新定义"应该"与"必须"

成人世界的规则，往往以"应该"和"必须"的形式出现。我们应有稳定的工作，且必须表现出成熟稳重的样子；应遵循职场或社交场合的"潜规则"，必须回应他人的期待和要求……"应该"与"必须"如同无形的枷锁，限制了我们探索和表达的自由。要想打破这些规则，就需要重新定义"应该"与"必须"。何妨在PPT里插入趣味表情？何妨用蜡笔画会议纪要？这些完全可以成为我们职场人的工作新技巧，帮我们重新找回被"我想要"和"我热爱"所驱动的赤子之心。

作为成年人，我们不应成为一颗生锈的螺丝钉，而应保持一颗充满热情和好奇的赤子之心，在快节奏的生活中找到平衡，在追求事业成功的同时，不失对生活的热爱。

童年的遗憾，现在弥补

在生活的磨砺下饱受考验的成年人，时常会追忆童年时光中的种种缺憾，似乎若无那些遗憾，我们今日的生活会更加美满。其实大可不必这么悲观，童年的遗憾未必会是一生的缺憾。因为即便已经成年，童年的遗憾仍旧有机会得到弥补。

童年遗憾在所难免

在人生的早期阶段，许多人会有各种各样的遗憾，这些遗憾不仅仅体现在物质方面，还体现在精神和情感层面，且影响尤为显著。

谁的童年不曾有过一些大大小小的遗憾呢？可能是未能实现的梦想，可能是未曾表达的情感，可能是未培养起来的兴趣，可能是缺乏父母情感上的关注和爱护，甚至可能是没能拥有橱窗里心心念念的草莓味棒棒糖……这些遗憾在我们心中种下了一颗颗种子，随着时间的流逝，它们逐渐转化为深藏于心底的渴望，期盼着一个破土而出的机会。

正视"报复性补偿"

成年之后，我们拥有了更多的自主权和选择权，有能力去弥补童年时期的某些遗憾了。许多人因此开始进行所谓"报复性补偿"：童年时未能获得足够的玩具，长大后便开始"疯狂"地购买，哪怕这些玩具与自己的年龄并不相符；童年时缺乏父母的关爱，长大后便开始过度依赖伴侣，期望伴侣将全部的注意力和关怀都集中在自己身上，有时甚至让对方感到有压力；童年时被忽视，长大后便努力表现自己，有时甚至采取一些哗众取宠的行为，以期获得他人的认可和关注……

"报复性补偿"源自弗洛伊德的心理分析理论，是一种普遍存在的现象，本质上是一种心理防御机制。它既是对过去的一种弥补，也是对当前心理状态的一种保护。适度地运用这种机制，可以帮助我们维持心理平衡、缓解焦虑，从而获得内心的安宁，甚至能激发我们前进的动力。因为要想进行补偿，通常需要一定的物质或精神上的积累。

然而，如果我们陷入过度补偿的循环，可能会发现无论怎样努力都无法满足，补偿行为反而可能加剧焦虑，引发新的问题。因此，在进行补偿的过程中，我们必须学会找到一个平衡点，既要满足内心的需要，又不能让补偿行为变得极端和失控。

💚 对童年的自己"伸出援手"

弥补童年的遗憾，实际上是对过去的自己"伸出援手"。我们有机会重新审视自我，实现精神、情感和认知的进一步提升。

修复情感裂痕

在童年时期，由于种种原因，我们可能抑制了真实情感的表达，导致与家人、朋友之间产生了隔阂，或未能传达出自己的真实感受，从而在情感上留下了裂痕。成年后，我们拥有了更为成熟的表达技巧，能够更充分地表达情感，这有助于修复那些情感裂痕，使内心获得平静与满足。

培养并拓展兴趣

许多人在童年时因环境或资源限制，未能接触或深入探索自己真正感兴趣的领域，留下了未能成为音乐家、舞蹈家、科学家等的遗憾。成年后，我们完全有能力重新拾起这些兴趣，并进行系统而深入的学习与实践，这将丰富我们的精神世界，弥补我们藏在内心深处的缺憾。

学会接纳自己

有些童年遗憾是无法通过"报复性补偿"等行为来弥补的。这时，我们需要学会接纳自己的过去，即使它包含许多不完美和遗憾，但也是成长过程中不可或缺的一部分。只有接纳过去，我们才能找到内心的平衡。

总而言之，成年后的我们若想实现二次成长，就应理性看待童年的遗憾，积极地进行弥补，并借此机会进行自我探索和自我提升，以迎接一个更加完整和美好的自我。

我就是我，
是颜色不一样的烟火

　　许多人童年时都深信自己是独一无二的存在，正如某首歌中所唱："我就是我，是颜色不一样的烟火。"然而，随着成长，保持这种信念的人逐渐减少，人们反而开始迷失自我，试图活成他人所期望的模样，或者一味羡慕他人的生活。实际上，真正的快乐源于展现自我独特的色彩，世界因多样而美丽，我们因独特而珍贵！

"我在这个世界上是个新东西"

　　自古以来，从未有过与"我"完全相同的人；而在未来的无尽岁月中，也不可能再出现一个与"我"一模一样的人。每个人在这个世界上都是一个独一无二的存在，我们应该为此感到庆幸，并充分利用生命赋予我们的一切。我们要唱出属于自己的歌，画出属于自己的画，成为那个由独一无二的经历、环境和家庭塑造的独特的自己。无论好坏，我们都必须亲手打造属于自己的小花园，演奏出属于自己的旋律。

想做其他人是最痛苦的

模仿成功者，汲取成功人士的经验，是我们通往成功之路的一条捷径。然而，如果我们去努力复制成功者的生活方式，可能会是一种痛苦的体验。因为无论我们如何努力都无法成为别人，也不会成为多位成功人士的"混合体"。一意孤行的结果只会迷失自我。正如美国文学家爱默生在《论自信》中所言："嫉妒是无知的表现，模仿则是自我毁灭；无论是福是祸，都应由我们自己来掌控。"

因此，我们必须坚守自己的个性，发掘真正属于自己的、独一无二的成功之路。这样的成功可能不符合传统意义上的定义，但能够活出自己理想中的模样，拥有与众不同的个人特色，同样是一段精彩纷呈的人生旅程。

如何活出自己的精彩

每个人都是自己命运的掌舵者，拥有独一无二的人

二次成长

生旅程。为了绽放个人的光彩，我们必须培养坚韧的内心，坚持自我，不因他人无端和不负责任的评判而迷失方向，也不应漫无目的地随波逐流，任由生活摆布。

认识并接纳自己的独特性

我们应当学会欣赏自己的独特之处，接受自己的长处与短处，这是迈向精彩人生的首要步骤。否则，我们可能会陷入自我怀疑和无休止的比较之中，不断模仿他人，最终在彷徨中迷失自我。

保持个性的棱角

所谓"棱角"，实际上是我们个性的体现，是我们与众不同的标识。谁不渴望勇敢地做自己呢？喜欢就大胆表达，厌恶就坚决拒绝。然而，随着成长，我们往往学会了伪装、妥协甚至自我否定。实际上，成熟的标志并非磨平棱角变得圆滑，而是学会在保持个性的同时，与世界和谐相处，成为森林中与众不同但挺拔而立的那一棵树。

注重个人的身心健康

保持个性，我们难免会听到一些不同的声音。作为社会性生物，我们无法对周围的声音完全置若罔闻。然而，我们更应关注自己内心的声音，保持健康的生活习惯，同时重视心理健康，定期进行心理调节。只有拥有健康的身体和心理，我们才能在保持个性的同时，活出属于自己的精彩人生。

我们必须坚信自己是独一无二的，无须与他人比较，更不试图成为他人的复制品。我们要用自己的方式，在生命的舞台上绽放出耀眼的光芒。

活成一朵云的姿态，
悠然自在

许多年轻人渴望自由自在的生活，然而，在现实中他们又时时在意别人的看法，处处迎合别人的想法，像被急流裹挟的浮萍，身不由己，无法自控。我们一心追求自由，却失去了自由，这既讽刺又令人无奈。如果我们听从内心的声音，将目光从别人那里收回来，只专注于自己应做的事、要走的路，生活就会少许多羁绊。

拆除内心的围栏

当我们习惯于遵循既定的模式和传统，依赖过往的经验和认知来生活时，很容易陷入一种既舒适又焦虑的状态。舒适源于熟悉的模式带来的安全感；而焦虑，则是因为外界环境持续变化，我们却停滞不前，担心被时代抛弃。

然而，作为社会的一分子，我们自然不能完全摒弃规则，做到像云朵那样洒脱，既没有固定的形态，也没有预设的轨迹,更没有固定的终点。我们必须在规则与自由之间寻求平衡。更为重要的是,我们需要培养一种更为开放的心态来面对生活,不被既定的框架束缚,勇敢地去探索人生的无限可能。

如何活成一朵云

我们渴望心灵的自由,必须克服种种挑战与困惑,这包括但不限于职业发展的瓶颈、情感的波折,甚至是对自我价值的质疑。为此,我们需学会在变化中寻得平衡,像云朵一样无惧风暴,像云朵一样追逐阳光。

享受独处的宁静

美国作家安妮·默洛·林白曾言:"生活中真正的艺术,在于学会如何独处。"在快节奏的现代社会中,繁忙的工作、拥挤的交通和频繁的社交活动,往往使自由遥不可及,我们的内心也变得焦虑不安。此时,唯有独处,才能使我们的心境回归宁静与自然。我们应学会享受独处的时光,同时挖掘内心深处的力量。

一朵云是自由的象征,而一团云则显得局促。若想生活得自由且优雅，我们必须学会保护自己独处的时光。尤其在紧张和压抑的时刻，更需要一个独处的空间，远离外界的纷扰，让自己彻底放松。这个空间可以是家中的浴室、阳台，也可以是公园、图书馆。一段时间的独处，能让我们暂时卸下负担，静下心来重新审视自己，寻找内在的力量，感受生命的真谛。

拓宽视野

没有知识作为基础，所谓自由不过是无根之木。这是因为缺乏知识，我们对世界的理解极为有限。面对生活中的众多选择，我们可能会感到无力和迷茫，只能依靠本能或肤浅的认知做出决策，或者被信息时代泛滥的虚假信息所误导，致使精神世界变得空洞浅薄。这样的自由，不仅无法带给我们内心的愉悦，反而可能随时让我们陷入困境。因此，我们必须不断充实自己的知识储备，积极拓展思维、提升境界，用自己的调色盘渲染出属于自己的独特人生。

摆脱过去的束缚

人生中难免会犯错、失败和遗憾，许多人无法自由

自在地生活，因为背负了这些沉重的包袱。一朵承载过
多雨滴的云，怎能自在地飘荡？因此，我们必须学会放
下那些萦绕在心头的往事，不让它们成为我们追求自由
的障碍。例如，经历失败后，与其沉浸在痛苦和自责中，
不如以积极的心态从失败中吸取教训，勇敢地放下心理
负担，轻装上阵，再次向成功的高地发起冲锋。

　　愿我们都能像云朵一样，真正听从内心的召唤，在
无垠的天空中自由翱翔，既不受束缚，也不迷失方向，
活得轻松而自在。

梦想的船扬帆远航
心灵在旅途中慢慢成长
找回内心蕴藏的力量
让生命闪耀成一道光

做自己的太阳，
无须借别人的光

正如法国作家莫泊桑所言："生活不可能像你想象得那么好，但也不会像你想象得那么糟。"我们难免会对自己的生活感到不满，并渴望改变现状，于是不自觉地寻求外界的支持。仰望他人，试图从他们的光辉中获取温暖与力量，是可以理解的，但不能忘了，每个人都是宇宙中独特的个体，相信自己，坚定前行，我们终将成为他人眼中闪耀的太阳。

找到自我，绽放独特光芒

人生充满了多样性，每个人身上都蕴藏着无数个闪光点，只是他们未能察觉而已。有人可能认为自己平凡无奇，既没有出众的外表，也没有非凡的才艺，但他可能拥有强大的同理心，当朋友向他倾诉时，他总能提供温暖的回应；他或许擅长策划活动，组织的聚会总是热闹非凡，让每一个参与者都顺心如意；又或者他拥有丰富的内心世界，能够通过文字或艺术来表达自我，感动他人……

二次成长

总之，用欣赏的眼光看待自己，我们才能发现那些被自己忽视的闪光点。或许我们认为自己不够出色，但在他人眼中，我们早已光芒耀眼。

最大的贵人是自己

人生之路充满坎坷，那些令人崩溃、孤立无援的时刻，我们必须独自坚强地度过。若总是希望有"贵人扶持"，期待他人来支撑我们的天空，一遇到挑战便立即寻求帮助，结果往往不尽如人意，因为期望越高，失望也就越大。没有人能为我们的人生负责。他人伸出援手是出于情谊，选择旁观也是他们的权利。即便他人能暂时帮助我们，也无法永远替我们承担生活的重负。

常言道："靠山，山会倒；靠水，水会枯。"简而言之，依赖他人不如依靠自己。在人生旅途中，我们最重要的支持者不是别人，而是自己。这就需要我们必须独立和强大。我们若不自强，无人能为我们勇敢。因此，我们必须不断地提升自我，勇敢直面困难，在自己的世界里负重前行，最终成就最优秀的自己。

如何成为自己的太阳

面对周遭那些"标准答案"和"成功模板"，我们不应总是将自身的不足与之相比较，否则只会让自己的光芒逐渐暗淡。

自我投资，持续成长

无论是提高个人技能，还是丰富精神世界，都能促进我们不断进步。在任何时刻，投资自己都是一个明智的决定。为了让自己散发更耀眼的光芒，我们需要拓宽视野、充实自我，读书、听课、旅行……这些都是成年人实现二次成长的有效途径。

建立君子之交

人生无须刻意借助他人的光辉，但这并不意味着我们不需要志同道合的朋友。与朋友相互激励，共同成长，将激发更多的灵感和动力。同时，我们也要学会独立，依靠自己的力量前行。

避免陷入"比较陷阱"

与其在社交媒体上羡慕"别人的生活"，不如透过

二次成长

现象看本质，透过那些光彩照人的镜头看到其背后的平凡、艰辛甚至挫败。如果我们总是被他人看似完美的外在所吸引，就无法将注意力集中在自我提升上。毕竟，每个人的旅程都是独特的，我们不必被别人眼中的风景迷惑。放下艳羡，拥抱成长，我们向前的每一步都将成为通向卓越的基石。

要想成为自己生命中的太阳，我们不应只关注外在的光环，而应保持内心的强大和对生活的热爱、坚持与勇气。我们或许不是舞台上最耀眼的明星，但可以成为自己世界中最温暖的光。

这一次，我要把自己养成想要的样子

米兰·昆德拉曾言："生活是一幅永远无法完成的草图，是一场永远不会正式开始的彩排。面对选择，我们实际上没有任何判断的依据。"即便人生可以重来，我们也不一定能够活得更加完美。然而，当我们在日复一日的单调工作和千篇一律的生活模式中，突然感受不到生命的意义，或者意识到自己已经偏离了既定的路径，这便是心灵发出的二次成长信号。我们为何不借此机会重塑自我，让自己成长为理想的模样呢？

"你若盛开，蝴蝶自来"

许多人怀念纯真无邪的时代，因为那时的我们眼眸里仅映照着对未来的憧憬与期盼，一切都是那么美好。然而，韶华易逝，我们可能活成了自己曾经讨厌的样子，眼中的光芒也许会变得暗淡无光。我们不禁要问：为什么会变成这样呢？实际上，答案很简单，就是因为我们在残酷的现实面前屡屡受挫，意识到理想与现实之间横亘着一条难以逾越的鸿沟——从事着并不热爱的工作，在不喜欢的地方与不投缘的人共处。

面对理想与现实的差异，我们首先需要采取行动，改变自己，以便能够如愿以偿地改变生活。正如那句至理名言："你若盛开，蝴蝶自来。"若想过上向往的生活，我们必须勇敢地迈出改变的步伐。

永远相信自己，满怀希望

每个人都蕴藏着巨大的潜能，但是只有那些充满自信的人，才能发掘并利用这些潜能，实现自己的梦想。如果我们经常隐藏自己真实的想法，习惯性地在心理上设置障碍，那么潜能的发挥将变得异常困难。

因此，我们必须坚定地相信自己的能力，对未来的可能性保持乐观，并依靠自己的智慧与勇气，稳步前进。即使遭遇挫折，也不轻易放弃，从而激发自己的潜能，最终将生活和未来塑造成我们所向往的模样。

🌿 迈出成长的步伐，遇见理想的自己

既然决心踏上二次成长的道路，我们必须采取实际行动，并准备好面对更多的挑战。毕竟，这是一条我们从未涉足的路。沿途可能布满荆棘，也可能有无数分岔路口，还可能潜伏着危险，它们都在试图阻止我们，让我们畏缩不前，回到熟悉的舒适区。唯有克服这些障碍，我们才能继续前进。

持续学习，提升认知

若要改变现状，就需要提升我们的认知水平。认知影响了一个人的人生轨迹。成长环境、教育背景、社会文化、个人经历等因素都会影响我们的认知。认知包括我们对世界的理解、看法和信念，这些因素影响着我们的思维模式、情感反应和决策过程，进而引导我们走向不同的生活道路。

提升认知，是一项挑战，要求我们不断学习、反思和实践，拓宽思维的边界。通过在个人生活、团队协作和社会交往等方面做出积极的改变，我们可以逐步优化自己的认知，使生活变得更加充实和有意义。

二次成长

学会"断舍离"

在第一次成长的过程中，我们或许也曾满怀激情，但随着时间的推移，各种人物在我们的生活中穿梭，各种事务让我们身不由己，我们逐渐变成了自己都不认识的人。这一次，我们要走出上一次的误区，学会"断舍离"，对于那些让我们感到为难的人，如果他们并不真正关心我们，就减少与他们的交流；对于那些一开始就让我们感到不适的事情，越早拒绝越好；对于过去的事情，无论多么令人纠结，也不应持续挂怀……摒弃不必要的事物，放弃多余的情感，摆脱对旧事的执着，我们定能轻松上阵，迈向全新的生活。

在二次成长的旅程中，我们会听到质疑的声音，会遭受失败的打击，会经历孤独的时刻。但是，我们决不能放弃。每一次克服困难，都是一次精神上的蜕变；每一次跌倒后重新站起来，内心都会注入一股更强大的力量。当我们依靠自己的力量跨越重重障碍后，会发现曾经的生活已经远去，迎接我们的是一个充满无限可能的全新自我。

疗愈内伤，
与过去的自己握手言和

谁的过去不曾留下伤痕？
或许是遭受伤害的经历，
或许是未尽的遗憾，
抑或是自我否定的痛苦记忆。
在二次成长的旅程中，
我们必须正视这些伤痛，
与过去的自己达成和解，然后卸下重负，
踏上寻找更优秀的自我的征途。

抱抱"内在小孩儿"，
与过去和解

我们已经成长，但童年的烙印始终如影随形，有的是甜蜜的回忆，有的却是难以愈合的创伤。过去的痛苦犹如潜伏在心底的暗礁，不时地在我们生活的波涛中浮现，带给我们一丝丝隐痛，甚至会阻碍我们前进的步伐。因此，我们必须与过去的自己和解，才能更好地踏上未来的征程。

身体里的另一个自己

当我们站在镜子前，可以清晰地看到自己熟悉的面容和身影。然而，我们却无法直接观察到那个居住在身体内部的"内在小孩儿"。这个"内在小孩儿"正是心理学所指的另一个自我，他与我们如影随形，无论我们身处何地，无论我们做些什么，他总是紧随其后。我们偶尔流露出的天真、脆弱、敏感，甚至无缘无故的失控等"幼稚"的内心体验，都与他息息相关。

那么，这个"内在小孩儿"是如何形成的呢？人们普遍的观点是，在一个人的童年时期，当对爱的渴望或希望自己的爱被他人接受未能得到满足时，渴望爱与被爱的心灵便会遭受创伤。如果在成长过程中，爱、安全感、信任和尊重等基本情感需求未能得到充分的满足，就可能形成一些扭曲的认知，并以消极的情绪来应对周围的世界。那些强烈而"幼稚"的内心体验，实际上就是"内在小孩儿"的表现。只有用勇气和温暖去疗愈，我们的生命才能由内而外地绽放出更加灿烂的光彩。

照顾好"内在小孩儿"，才能真正成熟

每个人的成长经历中，爱与被爱都是不可或缺的。那些在童年时期遭受过遗弃、冷漠、虐待或生活在不稳定环境中的个体，即便成年，也会表现出强势的性格，哪怕取得事业上的成就，其内心深处仍没有安全感，那个"内在小孩儿"依然渴望得到更多的认可和关爱。每当感受到一丝不满，"内在小孩儿"便可能认为自己的人生是失败的。然而，完美无缺的人是不存在的。因此，

这些在他人眼中看似成功的人，往往不得不持续生活在不安和不满足之中，难以体验到真正的幸福。

为了呵护"内在小孩儿"，我们必须运用成人的智慧和慈爱，给予自己更多的关爱和接纳。我们需要发现并倾听"内在小孩儿"发出的声音，观察他的不安和恐惧，理解他的不安全感，并与他共同面对挑战。通过理解和同情，我们能帮助他逐渐变得平和、快乐，最终实现与自我的和谐统一。

理解与共情，拥抱"内在小孩儿"

即使拥有一个美好的童年，一些挫折、失落、遗憾和痛苦仍可能在许多人的心灵上刻下难以抹去的印记。我们必须勇敢面对内心的创伤，并对过去的自己展现出同情心，如同照顾一个受伤的孩子一样，给予自己充分的理解和关爱。

暂时顺从他的需求

"内在小孩儿"之所以出现，通常是因为某些需求未能得到满足，就像那些在超市里因想要糖果未得而哭闹的孩子一样。我们可以暂时顺从他的需求，让他平静下来，这样我们才有机会仔细观察他，并与他进行有效的交流。

与"内在小孩儿"进行"面对面"的沟通

当"内在小孩儿"出现时，通常伴随着一些不愉快的情绪，甚至可能在生理上引起心跳加速、呼吸急促、胸口发闷、身体沉重等症状。此时，我们必须鼓起勇气，揭开那些试图掩盖伤痕的遮盖布，与"内在小孩儿"进行"面对面"的沟通，告诉他，在当时的环境和感受下，他已经尽了最大的努力去应对，选择沉默、逃避，并不是因为不够坚强，而是因为压力超出了他的承受范围。毕竟，他只是一个需要帮助的孩子。

总之，只有当我们正视"内在小孩儿"，理解他的迷茫和故作坚强，甚至是通过哭闹、攻击来掩饰不安全感，并向他表达同情与安慰时，我们才能与自己的过去和解，并获得真正的心灵自由。

走出原生家庭的阴影，成为更好的自己

　　原生家庭相当于我们人生的第一所学校，在这里，我们的性格、价值观以及行为模式基本形成。然而，原生家庭可能为我们提供温暖和支持，也可能给我们留下创伤和阴影。只有摆脱原生家庭带来的负面影响，才能用坚定的信念和行动重塑自我，过上通透而自由的生活。

原生家庭的烙印，到底有多深

　　奥地利杰出的心理学家阿尔弗雷德·阿德勒曾言："幸运的人一生都在用童年治愈自己，而不幸的人则一生都在试图治愈自己的童年。"许多成年人常常被自我怀疑、焦虑、缺乏安全感和易怒等负面情绪所困扰，这往往与他们成长的家庭环境有着深刻的联系。

　　以一位30多岁的女性为例，她刚刚结束了第三次婚姻。在每次步入婚姻殿堂时，她都幻想着与伴侣未来的日子充满幸福，然而内心深处却始终不相信能够与丈夫白头偕老。追溯她的成长经历，小学时期她的父母关系融洽，家庭氛围和谐，那是一段她记忆中最为美好的时光。但是，当她升入中学时，父亲突然无声无息地离开了家。在那之后的很长一段时间里，她每晚都怀着父亲会回来的希望入睡，却一次又一次地失望。因此，她既渴望婚姻的幸福，又深信所有的亲密关系终将破裂，这导致她无法维系任何一段婚姻。

这个案例揭示了一个事实：若我们不能走出原生家庭的阴影，就难以重塑自我，迈向更加美好的未来。

原生家庭会影响人的性格

在童年时期，父母及其他长辈的某一句话就可能塑造孩子的思维模式和性格特质。即便是简单的鼓励或责备，也可能对孩子性格的形成产生深远的影响。若父母频繁地批评、否定或贬低孩子，将可能导致孩子发展出缺乏自信和自我怀疑的性格，面对挑战时容易沉溺于消极情绪，难以摆脱。在某些情况下，这些性格特征甚至会成为一种"家族魔咒"，代代相传，影响家族成员的命运。

二次成长

🌿 打破魔咒，唯有靠自己

在探讨原生家庭的影响时，苏联文豪高尔基在《童年》一书中提出了自己的观点："我们无法选择自己的出身，但我们可以选择如何生活。"既然原生家庭的影响是不可避免的，我们就应该积极寻找破解之道。

理解父母的局限性

在我们幼年时，父母似乎无所不能。然而，随着逐渐成长，我们开始意识到他们也是普通人，同样存在不完美之处。了解父母的成长历程，探究导致他们认知和行为存在局限性的原因，有助于我们摆脱这些局限性对自身的影响。即便父母试图用他们有局限性的认知来影响我们，我们也应尊重他们，同时努力避免受到这些认知的影响。

建立界限

尽管我们成年了，但在父母面前仍能感觉到自己是孩子。这种感觉可以理解，但重要的是要认识到，即便是父母与子女之间，也难以做到完全理解。当父母以旧有的模式干涉我们的生活时，我们必须重新设定界限。如果父母的行为超出了这些界限，我们需要明确地表达自己的立场，并做好与父母的沟通。这样做不仅能维护自己的价值观，也不会伤害亲子关系。

剥离情绪

在打破原生家庭影响的过程中，学会剥离情绪至关重要。如果我们不能耐心倾听父母的需求并给予适当的回应，就无法实现有效的沟通，从而被父母的情绪化表达所影响，使得亲子关系变得紧张。

因此，在与父母的交流中，我们需要稳定他们的情绪，以温柔而坚定的态度对待他们。既要表达对父母的理解，也要保持自我完整性，减少原生家庭负面影响的渗透。

摆脱原生家庭的负面影响是一场持久而深刻的斗争。我们需要勇敢地面对过去，智慧地处理现在，尤其是与父母的关系。相信只要努力，每个人都能打破原生家庭的束缚，成就更好的自己。

那些年少轻狂，
都是成长的基石

年轻时的我们，怀揣着满腔热血和对未来的憧憬，勇于尝试新事物，勇于挑战规则，甚至不怕冒险、犯错，做出过一些现在回想起来仍让人感到后怕、后悔的事。回顾那些年少轻狂的时刻，我们无须沉溺于羞愧、懊悔之中无法自拔，反而应当从中汲取力量，助力自己再次成长。

谁年少时不轻狂

在青春洋溢的岁月里，许多人勇敢地表达爱与恨，对心仪之人毫不掩饰地倾诉情感，对厌恶之人可能采取冲动的行为。他们的爱与恨是纯粹的，不掺杂任何外在因素。对他们而言，所谓稳重不过是缺乏勇气的表现。他们自认为比他人懂得更多，对长辈的忠告视若无睹，认为那些教诲空洞且令人厌烦。他们随心所欲、我行我素，尚未将社会规范和他人期望作为行动的指南。那段时光或许充满荒谬，却也蕴含着一种独特的浪漫和鲜明的个性。

喜欢安稳不等于成熟

随着年龄的增长，许多人开始偏爱稳定的生活，不愿再追求张扬。往日的浪漫似乎变得遥不可及，变得不敢或不愿去回忆。当再次听到长辈的教诲时，我们也会反思自己曾经的浮夸。虽然可能认为长辈的建议带有经验主义的局限，但在大多数情况下，它们对生活是有益的。

尽管稳定的生活并不等同于成熟，但相较于年轻时的轻率，我们显然进行了更多的思考。然而，如果只是沉溺于对过去行为的懊悔，也是一种不成熟的表现。年轻时的轻狂并非毫无价值，实际上，它是个人成长不可或缺的一部分。毕竟，即使是最美好的事物也可能伴随着遗憾，人生就是一部不断自我更新的史诗。通过回顾和反思那些年轻时的轻狂经历，我们可以更深刻地了解自己，找到改进的方向，从而促进自身的成熟。

二次成长

🌿 如何从年少轻狂中汲取力量

年轻时的每一次冲动、每一次失误，都仿佛是铺垫我们成长之路的石阶，让我们站得更高，看得更远。

找回昔日的梦想

我们不应拒绝年轻时的自己，而应自问：我曾经的梦想是什么？我曾经的勇气何在？通过自我反思和回忆，我们能为生活注入新的活力，重新找回追求梦想的勇气。

重新点燃对生活的激情

随着年龄的增长，坚强似乎成了我们的必然选择。我们不再轻易展露笑容，也不再毫无顾忌地哭泣，即使流泪也要避开众人，甚至将泪水吞回肚中。久而久之，我们仿佛给自己戴上了一副面具，对生活的热情似乎也被锁进了"冰箱"。

此时，回想年轻时的自己，如何为了目标全力以赴，如何为了一道雨后的彩虹而欢呼雀跃……慢慢地，那久违的激情也会逐渐被唤醒。

在反思中成长

年轻时的错误，我们不必过分纠结，但也不应完全遗忘。随着认识的不断深化，我们仍可随时进行反思，更好地了解自己，在未来的道路上走得更加坚实。

那些年轻时的经历，不仅是青春最真实的写照，也是成长道路上重要的基石。我们无须感到羞愧，也不应漠然置之，而是要从当年看似鲁莽、不顾后果的行为中，找回挑战规则、追求梦想的勇气与决心，以滋养今天的自己，让未来的自己更加成熟、坚强。

每一滴泪水，都是疗愈心灵的甘霖
每一次释怀，都是内心的和解
不再纠结，不再苦楚
敞开心扉，拥抱过去的自己

完美是追求，不完美是常态

在我们的生活中，一些追求完美的人常常沉溺于对理想生活状态和工作环境的憧憬，或者不懈地寻找一个毫无缺点的伴侣。这类人往往在社交圈中显得与众不同，他们的生活和工作似乎停滞不前，或者尚未步入婚姻的殿堂。他们的行为可以用一个看似自相矛盾的表述来概括：追求完美，却因此错过了许多美好。实际上，追求完美是一种病态，而接受不完美才是生活的常态。

要么不做，要么做到最好，对吗

曾经有个年轻人，怀揣着创作一部震撼人心的小说的梦想，投入了大量时间收集资料，从偏僻的角落挖掘出许多鲜为人知的信息，却始终无法构建出一个符合他超高标准的主题。因此，他的小说迟迟未能落笔。还有一个年轻人，计划在假日里亲手烹饪一桌佳肴。他在网上搜集了各种烹饪方法，却因食材不全或炉灶火力不足而屡屡失败，最终，他选择点外卖来代替……

二次成长

在现实生活中，许多人坚持"要么不做，要做就做到最好"的原则。他们担心结果可能不尽如人意，于是选择不开始。这样的人或许天赋异禀，或许创意非凡，但若不付诸行动，这些才华和想法又有何用呢？不要被"完美"束缚了手脚，成长就在行动中绽放。我们要放下顾虑，大胆前行，每一步都是在缩短与梦想的距离！

❤ 完美主义也有等级

完美主义存在不同的层次。行动派完美主义者在实际操作中不断调整、改进和完善，他们通过不懈努力和持续修正来提高成果的品质，力求使最终的成果尽可能符合理想标准。而思想派完美主义者则追求一种更纯粹的完美，他们在心中描绘出一幅完美的蓝图，但实现这一蓝图的难度极高，甚至可能是无法实现的。经过多次推敲，他们往往因为对实现难度的估计过高或对失败的恐惧而选择不付诸行动。

这两种完美主义，哪一种更可能通向成功已显而易见。遗憾的是，大多数所谓完美主义者实际上倾向于后者。可见，与其在脑海中描绘完美的幻象，不如在现实中迈出坚定的步伐，就算失败，也能知道自己距离终点还有多远。

部分完美，才是真正的人生

在追求完美与不作为之间，存在一个宽广的探索与实践的领域。这个领域是活跃的、充满无限可能的，也是个人成长和进步的核心所在。我们需要在这个领域里不断地尝试、修正、学习，逐步向目标迈进。即使遭遇失败，这些经历也是宝贵的。

接受"部分完美"的理念

据说，在全球社交网络服务巨头 Facebook（脸书）总部的墙上，刻着这样一句话："完成，胜过完美。"如果我们能成为"部分完美主义者"，摆脱完美主义的束缚，就能在自己的能力范围内取得成就。

我们可以借鉴"二八法则"：80% 的成果，源于20% 的努力；而剩下的 20% 成果，则需要我们付出80% 的辛劳。我们不应该把精力都投入到追求某件事的完美上，而是应该努力在大部分事情上做到"足够好"。

学会抓住重点

在处理事务时，我们应先确定"必须达成"的目标，其余的则作为"加分项"。在追求"必须达成"的目标时，我们力求完美；而在执行"加分项"时，我们可以适当放宽要求。毕竟，人的精力和能力都是有限的，能够将部分事情做好已经很不容易，如果追求处处完美，结果可能就是处处平庸。

总的来说，我们要先完成，再追求完美，在行动中不断调整方法，在失败中不断成长。同时，调整好自己的心态，接受不完美的自己，并努力向完美靠近。坦然面对人生，人生也会逐渐变成我们所期望的模样。

不再讨好，摆脱情感勒索

　　许多人误以为在人际交往中，通过取悦他人便能赢得更多的认可与机遇。然而，这种做法往往导致他们被视作"情感ATM机"，任人进行情感勒索。实际上，压抑自身需求以迎合他人，无异于自我压榨，而这种牺牲通常换来的是被忽视。与其煞费苦心地讨好他人，不如沉下心来培养自己的内在，这样自然能散发出独特的魅力，吸引那些与我们志趣相投的人。

平等交流，才能让关系更持久

　　许多人注意到了一个现象：擅长奉承和讨好他人的人似乎确实能够获得各种利益。然而，真正的成功并非建立在取悦他人之上。缺乏真正的实力，讨好只会让人变成众人眼中的"小丑"。这是因为，讨好者往往无法与他人建立平等的关系，面对上位者时，他们不自觉地将自己置于较低的位置；而在面对下位者时，又会不自觉地将自己置于较高的位置。对于那些拥有独立思考能力的人来说，与这样的人交流，不会是愉快和轻松的。

因此，我们应该坚持原则，与所有人进行平等的交流。这样，我们才能使每一段关系保持得更加长久。

只有与众不同，才能不可取代

越是随波逐流，我们越容易丧失独立思考的能力。如果我们总是生活在别人的阴影之下，就无法展现自己的独特之处，还可能养成拖延、犹豫不决等不良习惯，甚至沦为他人随意利用的"工具"。

只有当我们学会展现自我价值，塑造个人独特的处事风格时，才能构建起自己的"品牌优势"，使自己变得无可替代。这种"品牌优势"不仅是能力的体现，也是我们个人魅力的凝聚，让他人一眼就能认出我们，记住我们，并信任我们，使我们成为无法被复制、无法被取代的存在。

提升自身实力，不必讨好谁

在职场或其他社交场合，竞争并非一场你死我活的"宫斗戏"。尽管竞争无可避免，但我们不应为了利益而甘愿成为他人背后的配角。相反，我们应该致力于提升个人能力，使自己成为众人瞩目的焦点。

努力把每一件事做到自己的最好

我们应该全力以赴地完成手头的每一项工作，认真对待每一个小任务，并力求超越预期地处理每一件小事。通过不断改进工作方法和积累实践经验，我们的专业素养、问题解决能力和创新思维将得到显著提高。

建立并维护自己的人脉网络

人脉资源在我们一生中的价值不言而喻。与其过分迎合他人，不如专注于打造和维护自己的人脉网络。我们可以通过参加行业活动、加入专业组织、与同行交流等途径，结识更多志同道合的人，建立广泛的合作关系。同时，我们也要重视维护已有的人脉，保持定期的沟通和交流，以增强彼此间的信任和了解。

学会拒绝同样重要

如果我们已经形成了"情感 ATM 机"的人设或倾向，就需要学会拒绝，不再成为有求必应的人。否则，他人会认为求助于我们是理所当然的，也不会对我们心存感激。因此，在面对频繁的求助时，我们必须学会说"不"。

我们不应费尽心思去取悦他人，更不应隐藏自我，试图迎合他人。毕竟，生活是属于我们自己的，与他人无关。我们永远无法成为每个人都喜欢的样子。只有先学会爱自己，我们才能真正地去爱他人。

别再偏执，世上没有绝对的好人或坏人

　　在日常生活中，我们经常会遇到一些人，他们一旦决定了某件事情，就显得异常固执，仿佛九头牛都无法拉回。这是因为他们内心有一套坚信不疑的"二元对立"标准：一件事情要么绝对正确，要么绝对错误；一个人要么是绝对的好人，要么是绝对的坏人。他们往往忽视了现实和人性的复杂性。从心理学角度来看，偏执是一种不健康的思维模式，它可能导致情绪出现问题，甚至引发不理智的行为。因此，如果我们发现自己有偏执的倾向，必须迅速采取措施进行调整。

生活中没有那么多非黑即白

　　小琼最近在与男友讨论婚姻大事，却因一场争执而导致两人关系紧张。她的闺密前去劝解。然而，小琼却透露出她不想结婚的想法。让闺密感到震惊的是，原因竟然出奇的简单："我希望能在我俩的新房挂上纯洁的白色窗帘，但他坚持要挂上热烈奔放的红色窗帘。我们俩在这件小事上都不愿妥协，那在大事上就可想而知了，或许分开才是最好的选择。"

　　小琼和她的男友都表现出了一定程度的固执，而这种固执导致了严重的后果——因微不足道的小事而引发的感情危机。实际上，生活中并非处处都有不可妥协的原则问题，许多事情的解决方式也并非一成不变。正如我们常讨论的关于好人与坏人的定义，其实并没有绝对的标准：一个人犯了错误，并不意味着他不会改正，因此不能简单地给他贴上坏人的标签；同样，一个人做了好事，也不代表他不会犯错，不能认为他是个完美无瑕的好人。生活中的人和事并非只有 A、B 两个面。只有认识到这一点，我们才能更好地与他人相处，构建和谐的人际关系。

易沟通的人更受欢迎

　　偏执的人往往显得倔强，不易改变自己的观点。即便他们察觉到自己的错误，仍可能固执己见。这种坚持不仅使他们自己承受巨大的压力，也使周围的人感到无奈和疲惫。显然，这类人通常不讨人喜欢。

相对地，那些愿意沟通的人更受人欢迎。他们乐于倾听他人的意见，并会尝试站在不同的角度看问题。即便意见不合，他们也能够通过积极的沟通，寻求一个双方都满意的解决办法。在生活和工作中，这类人往往更容易获得他人的支持和帮助。

让自己拥有"和而不同"的大智慧

若我们希望建立和谐的人际关系，便需自觉地纠正自身的偏执态度，同时在不放弃原则的前提下追求"和而不同"的境界。

世间事并非非黑即白

我们必须认识到：每个人都有可能犯错，没有人能够始终保持绝对正确。尝试放下一些不必要的"原则"，生活将会变得更加轻松、美好。

养成换位思考的习惯

偏执者通常只从自己的视角考虑问题，而忽略他人的感受和立场。要想改变这一点，就需要培养换位思考的习惯，即遇事多思考：如果自己处于对方的位置，会有何感受？如果对方也像自己一样固执，自己会作何感想？是否真的只有一种处理方式？……随着时间的推移，我们将习惯于多角度思考问题，也更容易理解他人。

虚心接受他人的意见及批评

对于他人提出的善意批评和建设性意见，我们应该虚心接受，有则改之，无则加勉。当然，虚心并不意味着自卑或盲目跟随，而是要以开放和包容的心态对待他人，放下固执，以更加客观和全面的视角审视自己。

在这个五彩缤纷的世界里，每个人都是独特的存在，我们不应拘泥于自己的视角，将自己局限于小世界，也不应总是用"二元对立"的思维看待一切。我们应敞开心扉，认真聆听不同的声音，汲取智慧，在持续的学习和自我调整中不断成长，成为更优秀的自己。

第三章

情绪脱敏，
做自己的心理医生

在面对压力和挫折时，
过度情绪化的反应容易使我们被负面情绪所包围，
这不利于问题的解决。
因此，
我们必须增强心理韧性，
以培养出更稳定和积极的心态。

放下对抗，允许一切发生

我们每个人都会被生活的洪流所裹挟，不得不面对各种各样的无常。尽管我们想要反抗，却常常感到力不从心，并最终意识到这种抗争往往徒劳无功。正如电影《阿甘正传》中那句著名台词："生活就像一盒巧克力，你永远不知道下一颗是什么味道。"或许，我们应该尝试放下内心的抗拒，坦然接受生活的每一种滋味，让一切顺其自然。

急于对抗，因为自身不够强大

人们常常对未知感到恐惧，这也是许多人害怕黑暗的主要原因。我们对未知缺乏控制的信心，并且担心那些超出我们预期和承受范围的事物。此外，当我们过分追求完美的自我时，常会不自觉地抗拒生活中那些不完美的事物和不同的声音。

恐惧和执着的根源在于我们尚未足够强大。真正的强大在于接受一切——接受自己可能走错路、看错人，也接受自己经历各种情绪，哪怕是痛苦和绝望。弘一法师曾经说过："凡是你想控制的，其实都控制了你。"许多人认为掌控一切才是真正的力量，但实际上，失去有时并非坏事，完美也并非总是好事。过分计较，即使是琐碎的事情也能伤害我们；一旦释怀，即使风雨飘摇我们也不再畏惧。放平心态，顺其自然，不拘泥于一时一事，接受不完美的生活，才能让我们的生活呈现出不同的色彩。

❤️ 每一段经历，都会给我们带来益处

《易经·系辞上》中有一句话：一阴一阳之谓道。当我们正经历磨难时，必须坚信度过这段艰难的时光后，将会迎来柳暗花明。不必因错过而感到遗憾，请相信，这或许让我们避免了更大的不幸。

没有人能够拥有一切，也没有人会一无所有。世间所有的相遇都有其深意。我们需要接受那些无法改变的现实，同时努力改变那些可以改变的。每一次的磨难，都将成为我们逐步强大起来的基石。

二次成长

放下执念，从容看待一切

常言道："心态决定格局，格局决定命运。"当我们真正学会释怀，大事亦可化小。愿我们都能淡看世事沧桑，保持内心的宁静。

生活赋予什么，我们便接受什么

人生难免有遗憾，若无法释怀，我们可能会被无形的思想牢笼所困，进而限制我们的能力和潜力。我们应将这些遗憾视作成长的阶梯，理解得失皆是缘分的真谛。尽管生活中的遗憾可能让我们暂时感到痛苦，但它们往往能让我们终身受益。

美与丑都是客观存在的

现实生活并不总是像童话故事那样完美。生活中既有善良的人们、温馨的情感、美丽的风景、美味的食物……，也有邻里间的争执、路边的垃圾、人情的冷漠……。如果我们只看到美好，可能会降低承受能力；如果我们只看到丑陋，则可能错过许多美好的事物。因此，我们应接受生活中存在的不完美，并努力以包容的心态去发现和欣赏美好的事物。

坚守真诚，同时允许虚伪的存在

许多人有这样的感受：生活仿佛一场假面舞会，每个人都戴着面具，说着言不由衷的话。我们对虚伪感到厌恶是自然的，但也不得不承认它的存在。我们不应被虚伪同化，但也没有必要全盘否定所有虚伪的事物，更不应与之进行无谓的对抗。我们可以允许虚伪的存在，只要自己保持真诚，不参与其中。

接受一切的发生，是一种智慧，也是一种境界。毕竟，生命是一场体验，而非竞赛。我们并非宇宙的中心，也没有改变世界的力量。放下对抗，接纳生活的无常，允许一切发生，才能真正敞开心灵之门，尽情享受生命的美好。

任何消耗你的人和事，
多看一眼都是你的不对

　　世上的人形形色色，没有必要全都请进自己的生命里。特别是那些充满"负能量"的人，会像黑洞一样吸走我们的能量，让我们有限的精力和热情被白白消耗掉。无论是在社交还是恋爱中，这种不断消耗我们的人都是需要保持距离的对象。

什么在消耗着我们的"正能量"

　　有些人，在接受他人援助之后，不仅觉得心安理得，甚至还会进一步索求，即便援助者不求回报，但面对这样的人，心中也难免会感到失望；有些人游手好闲，缺乏上进心，甚至自暴自弃，与这样的人为伍，我们对生活的热忱也会逐渐消退；有些人则过分夸大问题，总是对他人微小的过失耿耿于怀，喜欢翻旧账，将小问题升级为大冲突，与这样的人相处，我们的心胸也会变得越来越狭隘……

只有远离这些负面影响，凭借强大的内心与积极的信念重塑生活秩序，才能让阳光驱散阴霾，让自己的世界再次焕发出勃勃生机与无限活力。

情绪会传染

我们的大脑是一个复杂而敏感的系统，对于他人的情绪状态，我们往往能够敏锐地感知，并在不知不觉中受到影响。无论是快乐、悲伤还是愤怒，他人的情绪都能通过语言、表情、动作等传递给我们，引发我们相似的情绪与感受。

当我们身处那些对任何事情都感到不满，一开口就抱怨的人群中时，我们自己也容易变得焦虑，甚至产生悲观情绪。因此，我们要多与那些开朗、乐观的人为伍，学会凡事多看其积极的一面，内心也会涌现出更多的"正能量"。

怎样摆脱"烂人""烂事"的纠缠

在人生的旅途中，那些不断消耗我们能量的"烂人"

和"烂事"会成为我们前行的负累。为了保护我们的时间、情感资源以及"正能量"，我们必须学会识别并远离这些充满"负能量"的人和事。

不自证，不争辩

面对"烂人"和"烂事"，自我证明、反击、争吵或翻脸，虽然能让我们暂时感到痛快，但同时也容易让我们陷入负面情绪和人际纠缠的旋涡，这无疑是对时间和精力的浪费。用别人的错误来消耗我们的情绪和精力是不明智的。保持冷静，不自证，不争辩，才是对自己负责的正确做法。

保持距离，逐渐疏远

成年人的关系处理，通常不会像小孩子那样，通过一场"热闹"的争执来宣告结束。最恰当的方式是安静地退场。当意识到某些人和事正在消耗我们的"正能量"时，无须撕破脸或宣示决裂，只需逐渐与其拉开距离，给自己一些空间，防止其继续影响我们的生活即可。

寻找更优质的圈层

我们都是成年人，任何试图教育他人的尝试，往往都会以失败告终。因为在成年人的世界里，选择筛选而非教育才是更明智的做法。试图与消耗我们的人讲道理，结果往往是被其"负能量"所影响，最终陷入无尽的争执与消耗。

因此，我们应主动寻找其他更健康、更积极的社交圈，与那些能给我们带来"正能量"的人和事接触，以促进个人成长和进步。

人生短暂，余生宝贵。对于那些消耗我们的人和事，无须留恋或惋惜，应当果断地将其抛诸脑后。我们应该将宝贵的时间和精力投入我们所爱的人和爱我们的人身上，专注于重要且有意义的事物，相信我们的生活会因这些明智的选择而变得更加美好。

慢一点儿，
一切都是最好的安排

　　理想的人生宛如一壶佳酿，需经历时间的沉淀，方能散发出其独特的风味。急于求成，就如同过早采摘的果实，不会让人品尝到成熟的甘甜。当我们放慢脚步，不急躁、不草率，生活自会以宁静与美好作为回报。

好的生活，就是不慌不忙

　　不可否认，我们生活在一个快节奏的社会中。城市的街头车水马龙，每个人都行色匆匆。任何信息都有可能瞬间传遍社会的每一个角落，但人们的注意力往往只是短暂停留。与此同时，焦虑也在悄悄成为笼罩在许多人心头的阴影，仿佛慢一点儿，自己就会错过许多快乐。

　　俗话说："世人慌慌张张，不过图碎银几两。"人们之所以奔忙，无非是为了生活。然而，物质满足虽然重要，但不能忽视精神世界。如果心灵长期得不到休息，

每一刻停留，都是时光的馈赠
每一次等待，都是命运的铺垫
不急不躁，不忧不惧
静以待心，迎接未来的惊喜

终归无法获得真正的快乐。工作的最终目的还是享受生活，如果因此而忽略了内心的安宁，让自己无暇享受生活，无疑是本末倒置。生活不只眼前的奔波，还有诗与远方！在奋斗的同时，别忘了适当停下脚步，感受阳光、微风和内心的呼唤。

给自己留下喘息的时间

美国作家梭罗曾在瓦尔登湖畔隐居，他在那里耕种、写作，与大自然亲密接触，创作了名作《瓦尔登湖》。那悠然自得的生活节奏，使梭罗得以深入探索生活的本质。他曾提出："为何你们看似匆忙，实则却缓慢至极？"这句话启示我们：内心的平静与满足才是生活的真谛，而焦虑与慌张只会让我们错失领悟生活本质的机会。

生活固有的节奏，如同四季的更迭般井然有序。如果我们总是忙于奔波，生活便容易失去平衡，进而失去品质。因此，我们必须学会在忙碌中为自己创造喘息的空间，或与家人共度，或是外出旅行，哪怕只是静坐沉思，都能为生命注入活力，让焦虑与慌张逐渐消散。当我们以平和的心态面对看似棘手的问题时，往往能发现它们并非想象中那般难以应对，一切都在顺其自然地展开。

静下心来，享受生活

在纷扰的尘世中，为了生计而努力工作，往往是不可避免的选择。然而，我们不应因此而忘记享受生活的乐趣。沉浸在独处的宁静时刻，体验身心放松的愉悦时光，探寻生活的本质，就是一种享受。

简化生活

清理家中多余的物品，让生活变得简单；减少不必要的家务劳动对时间和精力的占用，使我们能够放慢脚步，享受生活。

亲近自然

抛开工作和社交的束缚，去拥抱大自然。无论是漫步公园，还是远足山林，呼吸清新空气，欣赏生机勃勃的植物，都能让我们感受到自然带来的宁静。

培养慢节奏习惯

无论是用餐、行走还是起床，都尝试放慢速度，让生活节奏随之变得舒缓。这样我们就有机会品味当下的美好，找到内心的安宁。

定期休息

无论多忙碌，都应确保给自己留出休息的时间，避免持续不断地工作。例如，每天安排一段时间进行放松，可以冥想、阅读或散步，这能让身心得到充分的休息，以便积蓄力量，更好地面对生活中的挑战。

放慢脚步，在繁忙的生活中寻找片刻宁静，我们便能重新聆听内心的声音。当我们不再急于求成，而是与生活应有的节奏同步时，就会发现生活已经为我们准备了最佳的答案，一切皆是恰到好处的安排。

坏脾气来了，
快乐就走了

脾气，即人们在面对压力时的情绪反应，通常表现为愤怒、急躁、抱怨等负面情绪。无论对他人还是对自己，发脾气都不是明智之举，不仅会给自己带来痛苦，还会让周围的人感到不适，从而损害我们的人际关系。坏脾气宛如一扇无形的门，会将好运和幸福隔绝在外。

❤ 坏脾气的人不会受欢迎

人是群居动物，无法完全脱离集体生活。若我们无法控制自己的负面情绪，便难以成为受人喜爱的个体。毕竟情绪失控往往会给人带来不快，犹如一盆冷水，一旦泼向他人，便能迅速熄灭彼此间友好交流的火花，妨碍我们与他人建立和谐的关系，进而为我们的成功之路增添不必要的障碍。

为了融入团体，便于与他人协作无间，我们就要掌控自己的情绪，不让坏脾气肆意蔓延。我们要学会用冷静与理智面对冲突，用理解与包容化解矛盾。不乱发脾气，不仅是对他人的尊重，更是对自己负责。

🌿 发脾气就是在惩罚自己

许多人脾气暴躁，即使面对一些微不足道的小事，也会轻易地怒火冲天。实际上，发脾气不仅会扰乱他人的情绪，还会对自身的心理和生理健康产生负面影响。中医理论中提到"怒伤肝"，人在发怒时，肝脏的负担确实会加重，甚至可能干扰到正常的代谢活动；它还会导致全身血液循环加速、血管收缩、血压升高、心率加快，从而增加患心血管疾病的风险；情绪的波动还可能扰乱人体的激素平衡，诱发甲状腺功能紊乱等内分泌系统疾病……

由此可见，发脾气会对我们的身心健康造成多方面的损害，影响我们的健康和幸福感。学会控制情绪，培养积极乐观的心态，不仅能够维护良好的人际关系，还能保护自己的身心健康。每一次成功的负面情绪克制，都是在为自己积累福气，为生活增添美好。

情绪要由自己掌控

坏脾气，实际上可以通过后天的修炼来改善。只要我们有意识地以宽容和冷静的态度去面对人和事，不纠结于琐碎的细节，坏脾气就难以萌生。相反，若总是心胸狭窄、过分计较、急于求成，我们便容易给坏脾气留下可乘之机。

学会调节情绪，合理宣泄情绪

当我们感到愤怒时，就容易失去理智，可能会做出一些不合情理甚至令人后悔的举动。因此，当我们感到情绪即将失控时，最好的做法是暂时离开现场，找一个安静无人的地方冷静一下。我们也可以尝试进行几次深呼吸，或者将注意力转移到其他事物上。这些方法都有助于我们调节情绪。一旦坏情绪产生，我们可以通过运动、绘画、听音乐、跳舞等方式合理宣泄。

避免在情绪波动时进行社交活动

当我们感到心情不畅或刚刚发过脾气时，最好不要立即参与社交活动，否则可能会因为缺乏足够的缓冲时

二次成长

间而再次冲动行事。如果已有约会，建议改期。如果无法改期，至少要给自己留出一些冷静和整理情绪的时间和空间，确保心理状态调整好之后再进行社交。

借助他人的帮助

如果我们发现自己难以控制脾气，或者情绪问题已经严重影响到日常生活，那么就不应再独自承受。可以请周围的人在我们即将失控时提醒我们，提前"打预防针"。如果这些方法仍然无效，那么就应当寻求心理咨询师或医生的专业帮助。

生活中难免会遇到让我们生气的事情，但我们完全可以选择以冷静的态度去应对。与其让坏脾气阻挡幸福的到来，不如学会冷静处理，用智慧和宽容去化解问题。愿我们都能成为情绪的主宰者，去迎接更多的幸福与好运。

真正的智者
不较真、不生气

在日常生活中，一些人活得轻松自在，而另一些人却感到疲惫不堪。尽管他们的物质条件可能相差无几，但他们的精神世界却有着天壤之别。我们通常将那些活得轻松的人称为"智者"。智者并不是表现出一副玩世不恭、游戏人间的态度，而是不会过分纠结于眼前的得失，不会用放大镜审视周围的一切，锱铢必较，只会专注于完成应做的事情，因此成功的可能性自然更高。

做人不要太钻牛角尖

一些人往往倾向于用简单、直接且情绪化的视角来分析人和事。他们对周围发生的事情容易感到不满，难以容忍他人的不同，与社会和他人产生隔阂，最终导致自我孤立。这类人倾向于用放大镜审视社会和他人，看到的往往全是问题。然而，他们却很少同样审视自己，发现自己的不足之处。他们自认为"洞察一切"，对于任何看不惯的事情，无论多么微不足道，都要争论出个是非对错。这种行为通常被称为"钻牛角尖",大多数人通常会尽量避免与这类人接触。

相比之下,智者的行为截然不同。他们对人宽容、对己严格,不会过分关注他人的小瑕疵,也不会计较那些无关紧要的小问题。他们不会让日常琐事成为烦恼的根源,即使面对令人不快的情况,他们也能保持冷静,将大事化小,小事化了。

不要用别人的错误惩罚自己

"愤怒,即是用他人的过错来折磨自己。"这是德国哲学家康德的至理名言。那些追求完美、爱较真的人往往容易愤怒,因为他们迫切希望让犯错者得到应有的惩罚。然而,问题在于,愤怒本身并不能实现惩罚他人的目的。相反,愤怒只会让自己的心情变得很糟,只会驱使自己做出一些错误的行为。愤怒不仅无法解决问题,反而会使问题变得更加复杂。

有一个小故事:在希腊神话中,著名的英雄赫拉克勒斯在一条小径上行走时,发现了一个奇特的袋子。他轻蔑地踩了袋子一脚，袋子便开始膨胀。赫拉克勒斯被激怒，拿起棍子不断地击打袋子，结果袋子膨胀得更加厉害，最终堵住了道路。这时，一位智者向他揭示了真相——对待这个袋子，越是愤怒和仇恨，它就膨胀得越厉害；而越是保持冷静和宽容，它就越会缩小。

真正的智者明白，负面情绪是一种奇特的存在。如果我们不去理会它，它就会逐渐消散；但如果我们选择"以牙还牙"，它就会不断膨胀，使我们陷入无尽的恼怒之中。

🌿 如何让自己不较真、不生气

固执、焦虑和易怒的人若想自我调整，关键在于提升情绪管理能力。

尝试接受不完美

如前所述，追求完美可能是一种病态，而较真的人往往持有这种心态。学会接受不完美，有助于减少过度执着。

每一份宽容，都是心灵的释放
不再狭隘，不再愤懑
放宽胸怀，接纳世间的万象

保持宽容的心态

每个人都有自己的想法、立场和行为方式，与我们不同并不意味着错误。我们应该努力发现他人言行中的合理性，并寻找其中的亮点。

学会转移注意力

当我们意识到自己对某件事过于执着时，可以尝试转移注意力，比如专注于那些能激发我们兴趣的事物，从而排除烦恼、愤怒等负面情绪。

真正的智者是以理性和淡泊的心态对待生活中的负面事物的，不较真、不生气、不苛求、不攀比，活得超脱豁然。

不争辩，
让交流回归理性

在日常生活中，争辩无处不在。双方各执一词，试图通过争辩来证明自己是对的，或者让对方承认自己的观点。彼此之间缺乏真正的交流，最终可能演变成相互人身攻击。除了留下不愉快的记忆，双方都未能从中获得任何有益的成果。放弃争辩，并设法让交流回归理性，这才是聪明的选择。

不要试图说服总爱唱反调的人

"为什么只针对你，不针对别人？苍蝇不叮无缝的蛋！""读书有什么用，最终还不是要为我这个初中生打工？""难道只有我一个人觉得这孩子长得很丑吗？"……这些言论可能并非全然出于恶意，但往往令人感到不快。

然而，试图与持有这些观点的人讲道理却容易陷入"话题陷阱"。因为无论我们如何引经据典、口若悬河，都难以说服一个固执己见、充满负面情绪的人。对方的目的可能仅仅是引起关注、展示与众不同或发泄情绪，从一开始就没打算进行理性讨论。所以，当遭遇总爱唱反调的人时，不妨一笑而过，将宝贵的时间和精力投入到真正有意义的事情上。

沟通不是为了输赢

我们不应成为王小波笔下"口沫横飞，对他人进行价值评判"的人。与我们交流的人，来自不同的年龄层，有着不同的成长背景和教育经历，因此对世界的看法也各不相同。试图让对方接受自己的观点，通过费尽心思去说服对方，往往只是徒劳。相反，勤奋工作，让自己的理念结出丰硕的成果，让结果说话才能使对方心服口服。

因此，在遇到与他人观点不一致时，尽量避免争辩，也不必与那些有意要与我们争执不休的人纠缠下去，只需清晰表达我们的立场即可。试图改变那些不愿改变的人，反而会使我们陷入无谓的消耗。

在交流中保持冷静至关重要，必要时可选择沉默。如果对方坚持争辩，我们可以选择转换话题，或者引导对话走向更轻松或更有建设性的方向。毕竟，我们并非对方的导师或长者，没有必要去教导对方，避免成为"好为人师"的角色。

哪些争辩要尽量避免

生活中并非所有事都值得我们争论，也不是每个人都能被说服。面对非重大原则性问题时，争论往往无益，也难以使他人信服。即使对方认识到我们的观点正确，也可能因尊严受损而感到愤怒，从而损害双方关系。因此，争论通常没有真正的胜者。

避免与无知者争论

由于知识或见识的差别，争辩双方根本不在一个频道上，结果只能是鸡同鸭讲，毫无意义，更不会有结果。对待无知者，正确的做法是：保持沉默，让他们自娱自乐。

避免与无关者争论

网络上的很多辩论就是例子。双方互不了解，争论的往往是与自己毫无关系的事，这种争论毫无意义。

避免与观念不同者争论

观念不同，看待世界的角度也不同，争论往往无果。正如俗语所说："秀才遇到兵，有理说不清。"对方可能根本无法理解我们的观点，争论的结果只会让我们自己感到沮丧。

我们的时间和精力弥足珍贵，将其耗费在无意义的争论上，试图说服那些固执己见的人，岂不是在浪费生命吗？不如将这些宝贵的时间和精力投入到更有意义的事情上，让人生变得更有价值。

减轻精神"内耗"，
让心灵更轻盈

一整天几乎无所事事，却感到异常疲惫；面对一大堆的工作，却毫无头绪，甚至无从下手；自己的权益受到侵害，却总是选择沉默、回避……这种精神上的自我消耗，使得现代年轻人在内心深处不断挣扎、自我怀疑、过度分析，最终导致身心俱疲。我们要鼓起勇气战胜精神"内耗"，将注意力聚焦于当下每一个微小却美好的瞬间，去欣赏一朵悄然绽放的花、窗外洒下的一缕暖阳，内心就会拥有如澄澈湖面般的宁静。

"内耗"就是自己与自己角力

反复纠结于同一问题而无法决断；对自己过分严苛，认为自己一事无成；对未来感到焦虑，认为好运不会降临，而厄运却似乎不可避免；心理上感到极度疲惫，身体也变得懒散，不愿意采取行动……这便是"内耗"。

当"内耗"充斥我们的日常生活，就会导致自我不满、自我怀疑甚至自我压抑，使我们宝贵的积极心理被无谓地消耗。当察觉到自己陷入反复纠结的怪圈，不妨停下脚步，试着多关注自身的闪光点，回顾过往取得的大小成就，用积极的自我肯定取代消极的自我否定，重获向前的信心和对生活的激情。

"一念放下，万般自在"

"内耗"实际上源自我们内心的恐惧，既担心被群体排斥，也忧虑真实自我和脆弱心灵毫无保留的展示。为了逃避，我们往往伪装自己，迎合他人。与此同时，"内耗"也在不断地侵蚀着我们本就脆弱的心理。实际上，"一念放下，万般自在"，摆脱"内耗"并非难事。

放下不切实际的期望

我们常常认为，无法完成某项任务是因为能力不足或努力不够。然而，现实往往残酷无情，即使我们具备了相应的能力并付出了努力，也不一定能够成功。这导致我们再次陷入自我否定的恶性循环。

为了打破这种循环，我们需要重新构建认知。我们可以设定更加现实和可行的目标，并将过程与结果区分开来，专注于学习和成长，而不仅仅是关注最终的结果。这样，即使结果不尽如人意，我们也能安慰自己——我获得了宝贵的经验和教训。

放下内疚感，重拾快乐

审视那些让我们感到内疚的事物，看看有多少是与我们的价值观不符的；然后审视那些与我们价值观高度一致的事物，它们能让我们展露笑容。通过对比，我们可以放下那些让我们内疚的事，转而去做那些能带给我们快乐的事情，尤其是那些一直渴望但尚未尝试的事情，比如一次期待已久的长途旅行。当快乐回归，内疚感自然会逐渐消散。

不要积累失意的情绪

未来的道路还很漫长，生命中既有失意也有精彩，切勿让负面情绪累积成雪球。沉溺于悲伤和懊悔对解决问题毫无帮助，不如勇敢地跨过去，前方或许就是一片广阔的天地。正如村上春树所言："不要过于纠结当下，也不要过于忧虑未来，经历一些事情后，眼前的风景就会与之前截然不同。"

第四章

爱自己，
是终生浪漫的开始

爱自己，

是人生中一抹最温柔、最持久的底色。

爱自己，

是在每一个清晨醒来，

对着镜子里的自己露出一个微笑；

是尊重自己的每一种状态；

也是懂得照顾自己的身体。

爱自己，

是一场贯穿生命的美好修行。

好好爱自己，其次都是其次

周国平说："给人以生命欢乐的人，必是自己充满着生命欢乐的人。一个不爱自己的人，既不会是一个可爱的人，也不可能真正爱别人。"在这个错综复杂的世界中，人与人之间的情感相互交织，形成了一张巨大的网。我们总说要学会爱他人，然而常常忘记了爱自己。爱自己可不是自私自利的表现，而是内心的自洽与和谐。

拥有爱自己的力量

有些人很懂得爱自己，这些人往往具有较高的自我价值感，从不担忧被他人抛弃。当一个更为理想的事业机会摆在眼前时，他们也会勇敢地去尝试，去接纳。这些人打心底里清楚，没有任何人、任何事比自己的幸福更重要。

因为这些人自出生起就被照顾者给予了满满的爱，让他们感受到"我值得一切美好"。

还有一部分人的自爱能力是后天习得的。幼年时，照顾者的忽视、嘲讽和批评使得他们为了得到爱，习惯性地压抑自己，讨好别人。这些孩子长大后，即使变得成功和优秀，也会一直深陷"自己不值得被爱"的思维泥沼。

但不知从何时起，他们开始破解年少时家庭给予自己的"原始代码"，不让孩子经历自己曾经的挫折，而是给予孩子需要的爱与力量。

🍂 最大的利他就是利己

不少人认为"爱自己"是一种自私的行为，甚至有很多人把"一辈子为他人而活"当成值得称赞的品质。可是他们不明白，若从未爱过自己，又何来多余的爱分给他人呢？所以，那些生活在"一辈子为他人而活"的人身边的家人和朋友，并不会多么幸福快乐。

"最大的利己就是利他，最大的利他就是利己。"当我们真正学会毫无条件地爱自己，让自己幸福的时候，爱就会自然而然地满溢出来，流向身边的人。这种爱才是纯粹且没有控制欲的。

二次成长

从现在开始爱自己

王尔德曾言："爱自己，是终生浪漫的开始。"然而，不少人在这纷繁的世界中迷茫。究竟怎样才算是真正地爱自己呢？

重视自己的需求

曾有个女孩儿，分手时男友希望她日后能将自己的需求置于首位。她总是优先考虑男友、朋友和家人，却忽视了自己，最终换来的是身心疲惫与感情的不堪重负。"你若不把自己当回事，别人也不会把你当回事。"把自己弄丢的人生注定不会幸福。

自我关怀，而非自我苛责

当遭遇困难、挫折与痛苦时，我们应自我关怀。自我关怀的核心是善待自己、理解自己，而非过度自责。如此，我们才能更有力量，更快摆脱负面情绪，以更好的状态面对人生。

拒绝消耗自己的人、事、物

别做"老好人"，没精力帮忙就别承诺；若人际关系不健康，及时脱身；懂得做减法，精简生活，拒绝不必要的消耗，我们会活得更愉快。

对自己负责

一个人的喜怒哀乐，归根结底是自己的责任。当我们不愿负责，就陷入了受害者剧情：抱怨父母、伴侣、孩子、邻居或同事。而成熟的人会将受害者模式转变为自我负责，承担发生在自己身上的一切。

接纳不完美的自己

能够平和接纳自己的缺点，不自我嫌弃或厌恶，就是爱自己，比如"我虽胖，但性格好，人缘好"。不完美不代表"我不好"。练习自我认可，拥有"我足够好"的内心，便是爱自己。

爱自己并非奢侈，而是必要的自我关怀。只有真正爱自己，我们才有足够的力量关爱别人以及创造美好的未来。

你是你自己，
不是别人的附属品

正如卢梭所言："人生而自由，却无往不在枷锁之中。"尽管我们每个人都是自由的，但周围人的期望往往像无形的枷锁，束缚着我们的思想和行动，有时甚至让我们忽略了自己独特的价值。然而，人生的价值从不是由别人来定义的，而是由自己创造的。我们绝非他人的附庸，而是独一无二、不可替代的个体。

🌱 向上生长，发掘自我的价值

每个人都是宇宙中独一无二的存在，散发着属于自己的耀眼光芒。有些人很早就意识到了这一点，他们勇敢地追逐自己的目标，努力活出自己的模样。

小李生长在一个传统的家庭，父母期望他成为一名工作稳定且体面的人民教师。然而，小李对编程怀有浓厚的兴趣，他利用课余时间自学编程，最终成为一名杰出的软件工程师。在这个过程中，父母的不理解与学习的压力相互交织，但小李明白，自己的人生必须自己掌控，他既不是父母的附属品，也不是社会的模板。

小李用自己的经历证明，每个人都有追求梦想、成为理想中的自己的权利。即使面对重重压力与质疑，只要坚守自我、勇往直前，就一定能够绽放出独属于自己的绚丽光彩。

练就强大内心，载入"大主角剧本"

在生活中，我们常常会受到来自各方期望的影响。父母希望我们成为同龄人中的佼佼者，朋友希望我们能常伴左右，而伴侣则希望我们符合他们心目中的"理想型"。然而，这些期望有时会妨碍我们追寻自我。

有一个女孩儿名叫阿芬，她性格温柔且善良。她总是努力满足周围人的需求，却忽视了自己的感受。在一段感情中，为了迎合男友的喜好，她牺牲了自己的兴趣和爱好，甚至改变了穿衣风格。但这种牺牲并未换来男友的珍惜，反而让他觉得阿芬失去了个性，最终导致了分手。这段经历让阿芬深刻体会到，为了迎合他人而失去自我是多么不值。因此，她开始重新审视自己的价值，重新拾起那些曾经放弃的爱好，最终她转变成了一位独立且自信的女性，并找到了属于自己的幸福。

许多人和阿芬一样，在经历了痛苦和挣扎之后才开始觉醒。但是，只要我们具备迈出第一步的意识和勇气，改变永远不会太迟。让我们拿起笔来，编写属于自己的精彩故事，成为人生剧本的主角，过自己想过的生活。

一步一步，活出真实的自己

我们是否曾为了迎合他人的目光，而忽略了自身的感受？是否经常因为在意他人的看法，而错失了许多展现自我的机会？那么，如何才能真正活出自我呢？

建立自信，相信自己

自信是摆脱他人影响的关键。当我们深信自己的价值与能力时，便不会过分关注他人的评判。尝试更多地关注自己的优点与成就，并给予自己积极的肯定与鼓励。当我们真正相信自己时，他人的看法就不再那么重要了。

明确自己的价值观

明确自己的价值观是活出真我的重要一步。要清楚自己内心真正的渴望，坚守自己的原则与价值观。不要因为害怕他人的批评或反对，就轻易改变自己的想法。相信自己的选择，勇敢地走自己的路！

理性看待他人的评价

他人的评价并不总是准确或客观，有时仅仅是他们的个人意见，甚至是偏见。要学会区分建设性意见与负面评价，只关注那些真正有助于自己的建议。不要让负面评价影响我们的自信和情绪，要坚信自己的能力和价值。

逐步挑战自我

尝试一些新的行为或决定，即使这些行为或决定可能会受到他人的质疑。不要害怕失败，也不要畏惧外界的批评，因为每一次挑战都是成长的机会。当我们勇敢地面对挑战时，内心会变得更加强大和自信。

我们不属于任何人。让我们摆脱他人的期待，保持独立且坚定的心，像蝴蝶破茧一样，勇敢地活出真我风采吧！

不要苛责他人，
也无须勉强自己

　　成年人的生活总是交织着期待与失望、指责与不满。我们常常自认为已经洞察了世界的规则，期望他人遵循我们的标准行事，甚至对自己也施加严苛的要求。然而，真正的成熟，恰恰体现在放下这些要求和苛责的那一刻。

🌿 不苛责别人，是一种宽容

　　每个人的生活背景、成长历程、价值观念皆存在差异。我们常常忽视这一事实，而用自己的标准去评判他人。

　　丽丽的同事小王在工作中频繁出错，这令追求完美的丽丽难以忍受。她经常在背后嘲笑小王，甚至在会议上公开指出他的错误。小王从不为自己辩解，只是默默承受。

　　直到有一天，丽丽偶然了解到小王每晚都要照顾患有重病的母亲，常常忙到深夜才能休息，感到非常愧疚，对他的生活状况缺乏了解。从那以后，丽丽学会了换位思考，开始更多地给予小王支持与帮助。

不轻易苛责他人，是心胸宽广的体现。一个人的行为背后，或许有我们未曾了解的困难；每一处看似"不完美"的地方，可能是他人努力生活的独特展现。学会理解，不以自己的标准去衡量他人，这不仅是对他人的一种尊重，也让自己的内心多一分平和与柔软。

🌿 不强求自己，是一种智慧

许多人正承受着追求完美的压力。在社交媒体上，他人精彩纷呈的生活总是让我们不由自主地产生比较心理；在职场中，稍有松懈便可能担心自己会被淘汰；在家庭里，我们常常忧虑自己是否够得上 "好父母""好伴侣"或"好子女"。然而，对自己过于严苛，只会陷入疲惫和迷茫的境地。

在职场中，璐璐是个向来严格要求自己的"拼命三娘"。可工作几年后，璐璐越发感到焦虑。她发现自己

二次成长

越来越害怕失败，总是竭尽全力去追求完美。即便加班到深夜完成了项目，也难以感到满足，总是认为自己还能做得更好。

直到有一天，璐璐终于承受不住压力，不得不寻求心理医生的帮助。医生的一句话让她豁然开朗："你对自己要求如此之高，实际上是因为害怕被他人否定。但真正的你，根本无须如此拼命地证明自己。"自那以后，璐璐学会了接受自己的不完美，不再因达不到完美的程度而焦虑。她发现，当她开始接纳不完美时，生活也开始对她展现出温柔的一面，面对那些曾经令她倍感压力的工作也轻松了很多。

不强迫自己，并非意味着放弃努力，而是找到属于自己的生活节奏。放下"必须怎样"的执念，才能真正感受到生命的自由与舒展。

专注自己的生活，是一种力量

许多人倾向于将精力投入外部世界，关注他人的生活，并寻求外界的认可。然而，真正的幸福实际上源自我们对自身的专注。

我们可以在日常生活中尝试以下三个方法，将注意力转向自己：

首先，以友善的态度对待日常生活，并坚持记录那些对自身有益的小事。

记录下每天让自己感到快乐的小事，比如上班途中偶遇壮丽的日出，或者同事对你的方案给予了赞赏。在心情低落时回顾这些记录，可以迅速为自己充电。

其次，减少浏览朋友圈等社交网络的时间，更多地与大自然亲近。

避免陷入与他人比较的负面情绪中，同时减少接触那些无意义的网络争论。利用空闲时间培养兴趣爱好，亲近自然，从现实生活中汲取正能量。

最后，不与任何人比较，而是建立自己的评价体系。

根据自己的价值观和兴趣爱好来构建评价自己的标准，只要自己感到快乐就足够了。

与其将有限的精力浪费在揣测他人和苛求自己上，不如尝试放下那些无谓的要求和批评，去感受生活中的每一份美好。

人生不是一场竞赛，
不必和别人比较

在这个竞争激烈的世界，他人的辉煌成就与耀眼光芒很容易吸引我们的目光，使我们不由自主地陷入自我怀疑和焦虑的恶性循环中。然而，人生并非一场竞赛，我们无须与他人比较。人生的价值并不取决于外在的衡量标准和他人的评判，而在于我们是否能够不断地超越自我，实现内心的成长与蜕变。

"比较"的旋涡，无处不在

我们似乎总在不知不觉中就陷入了无休止的"比较"旋涡。在繁忙的工作中，人们会暗自较量，看谁的项目更受重视；在熙熙攘攘的街头，目光也会不由自主地被那些闪亮的新款豪车所吸引，随后在心中默默衡量自己与他人的差距。

童年时期，考试就像是一场又一场的竞赛。当同班同学考了满分，而自己的成绩却只是勉强及格时，成绩表上的排名常常让处于竞争之中的我们感到迷茫。成年后，职场上的竞争变得更加激烈，比较也变得更加严酷。目睹同事获得荣誉、赢得奖励，我们心中涌现出羡慕之情，随后暗自给自己施加压力，渴望超越他们。

然而，我们却忽略了每个人的成长节奏和发展路径。在某些领域我们可能不如他人，但在其他方面，我们却拥有他人难以比拟的优势。人生是一场漫长的修行，而不是短暂的冲刺。当我们放下比较的心态，转而享受一切经历时，会发现生命其实跳动着美好的韵律。

莫在比较中迷失

当我们静下心来，仔细审视自己的生活时，便会发现，比较实际上毫无意义。

正如世上没有两片完全相同的叶子一样，每个人都是独一无二的。我们各自拥有不同的梦想、价值观和生活方式。一些人追求事业上的成就，而另一些人则更重视家庭的温馨；有人热衷于冒险和挑战，也有人偏爱平静而稳定的生活。

刚入职的年轻人阿文认为，工作就是一场比赛。他总是过分关注同事的晋升速度，不断地与周围人进行比较，这不仅让他工作时缺乏动力，还对他的身心健康产生了负面影响。直到有一天，他终于意识到这种无休止的比较既无终点，也毫无意义。从那时起，他开始专注于提升自己的专业技能，并将其应用于工作中，不再盲目攀比，逐渐地，他在工作中找到了成就感和满足感。

我们不应以他人的标准来衡量自己的价值，而应发掘自身的优势，找到属于自己的道路。

告别攀比，好好做自己

"不求赛过别人，但求超越自己，把握自己的节奏，在自己的轨道上踏实前行，相信所有美好定会不期而至。"这句话蕴含着成长的道理。

超越自我，意味着勇敢地走出舒适区，可以学习一项新技能，尝试一种新生活方式，或是勇敢地直面自己的弱点。每一次的超越都是一种成长，都是向更好的自己迈出的一步。

把握自身节奏，这需要我们具备清晰的自我认知和坚定的自强信念。不受外界喧嚣的干扰，不盲目追随所谓潮流和成功标准。我们只需聆听内心的声音，了解自己的兴趣、爱好与优势，制定符合自己的目标和计划。然后，一步一个脚印地朝着目标前进，不急躁、不焦虑，享受每一天努力的过程。

沿着自己的轨道稳稳前行，这就要求我们将精力集中在自己的生活与事业上，不受外界的干扰和诱惑。我们需要相信自己的选择，坚定不移地走下去，即使遇到困难和挫折，也决不轻易放弃。毕竟，只有经历风雨的洗礼，我们才会变得更加坚强，更加成熟。

当我们不再与人比较，而是把握节奏、稳步前行时，会发现生活变得越发充实。同时，我们也会更加快乐，更加珍惜生活中的每一个微小但确实存在的瞬间。

人生并非一场竞赛，而是一段自我发现的旅程。我们无须羡慕他人的成就，也不必因自身的不足而懊恼。放下那些无意义的比较吧，以平和的心态享受生活，必定能收获独属于自己的美好。

保持健康，是爱自己 最直接的方式

倘若人生是由"1"和无数个"0"组成的一串数字，那么健康就是那个"1"，唯有拥有它，后面数不清的"0"才具备意义。所以，保持健康是爱自己最直接的方式。健康包括身体健康与心理健康。只要其中一方面出了问题，其他的诸如事业、地位、财富等都将不再拥有。一句话，没有了健康，便没有了一切。

失去的健康，无法挽回

人人都晓得健康的重要性，可人人都不知道珍惜。总觉得今天熬一次夜没什么，明天暴饮暴食一次也没关系，就这样一次次地不在乎，一次次地肆意放纵，最终把自己搞得"浑身是病"。

或许，处在这样一个节奏快、压力大的时代，为了事业和家庭，我们唯有努力奋斗；或许，我们觉得自己还年轻，经得起这样的折腾。然而，当有一天事业成功了，想要的都得到了，可是身体却垮了，这不是得不偿失吗？

呵护自己的心灵，拥有健康的身体

若想拥有健康的身体，首要的条件就是具备乐观积极的心态。积极乐观的人通常精力旺盛、活力满满。这种乐观积极的心态能让我们在压力下学会自我调节，减轻压力对身体的负面影响。

要做到积极乐观，就得学会抚慰自己的心灵。当我们焦躁不安的时候，可以这样问问自己："事情已经发展到这个程度了，我能改变它吗？"如果能够改变，那就全力以赴去改变；如果不能改变，那就再问问自己："我心情沮丧、低落又焦躁，这有什么用呢？"假如消极情绪没有任何积极意义，那又何苦给自己平添烦恼呢？同时，也要记得经常告诉自己：世界上没有完美的人，别对自己过于苛刻。这样才能够充满自信，充满"正能量"。

二次成长

重视健康生活，打造好身体

充足的睡眠、均衡的营养、适当的运动，这些是拥有好身体的关键因素。

人和机器同理，运行了一段时间后，唯有经过维修和保养才可以继续工作。因此，休息有助于我们放松身心，恢复体力。一天的工作结束后，身体会变得十分疲惫，这个时候就需要适当的休息来重新积蓄精力。在我们入睡的时候，身体会自我调节，对受损细胞加以修复，让我们充满活力地迎接新的一天。

每日的休息包含 6～8 小时的夜间睡眠以及日间的精神舒缓。规律的睡眠有益于人体进行自我调节，促进食物的消化以及废弃物的排出。并且，因为睡眠确保了营养与血液的供应，有利于保持头脑清醒。

适量的运动能够增大肺活量，提升人体新陈代谢的速度。按照生物学中"用进废退"的原理，长期坚持运动，会让各个脏腑器官的功能得以增强，使人充满活力，进而延缓衰老。

一个健康的体魄，其构建和维持离不开均衡且健康的饮食习惯。健康的饮食不仅仅要求我们注重荤素之间的协调，确保食物的多样性和丰富性，还需要我们细心地进行粗细搭配，以保证膳食纤维的充足摄入。此外，营养均衡是健康饮食的另一个重要方面，它要求我们摄入各种必需的营养素，包括但不限于蛋白质、脂肪、碳水化合物、维生素和矿物质等。然而，仅仅做到这些还不够，因为每个人的身体状况和生活条件都是不同的。因此，我们还需要根据个人的性别、年龄以及日常的劳动强度等具体情况，来合理规划每日的热量摄入和营养需求，以确保身体得到全面且适宜的滋养。只有这样，我们才能真正实现饮食的健康，为拥有一个强健的体魄打下坚实的基础。

　　总之，无论多么忙碌，无论背负多重的担子，都要记得爱自己，关注自己的健康。

做好自己，慎度他人

　　古语有云："各人自扫门前雪，莫管他家瓦上霜。"这句话并非教导我们要冷漠处世，而是蕴含着深刻的人生智慧。在成长的道路上，我们常常会陷入"过度助人"的误区，过多参与别人的生活。真正的智者懂得，人生的首要课题是专注自我提升，这既是对自己负责，也是对他人最大的尊重。

善意有度，尊重边界

　　杨绛女士曾言："一个人最大的清醒，就是管好自己，不度他人，克制去纠正他人的欲望。"这句话道出了人际交往的真谛。

　　即便是最亲密的关系，也需要保持适度的界限。例如，小敏和佳佳是相识多年的挚友，当小敏陷入一段不太理想的感情时，佳佳出于关心，多次善意提醒。然而，过度建议反而让小敏感到不适，最终影响了她们的友谊。

　　同样，在工作中，阿贤的热心也曾遭到误解。他主动指导同事小林提升业务能力，却因方式欠妥而被误解为炫耀。

阿贤的做法提醒我们，帮助他人需要讲究方式方法，更要尊重对方的感受和意愿。

每个人都是独立的个体，都有权选择自己的人生道路。正如惠子所言："子非鱼，安知鱼之乐？"真正的智慧在于理解并尊重他人的选择，给予支持也要适度。

专注自我，成就更好的自己

将注意力转向自我提升，不仅能让我们更好地实现个人价值，也能让我们以更有效的方式适时帮助他人。

举例来说，李明在公司以乐于助人著称，但过度的付出让他忽视了自身发展。经过反思，他学会了平衡助人与自我提升的关系。通过专注于专业能力的提升，他不仅在工作中取得了更大成就，也以更专业的方式帮助了同事，赢得了更多尊重。

李明的这个转变告诉我们：只有先充实自己，才能更好地帮助他人。

二次成长

🌿 平衡之道：在助人与自我提升间找到支点

"专注自我，尊重他人"是一种成熟的人生哲学。它教导我们在关爱他人的同时，也要守护好自己的成长空间。

"尊重他人"意味着理解每个人都有自己的成长节奏，当他人面临选择时，我们应当给予理解和支持，而不是对其强加自己的观点。适度的距离不仅能维护良好的人际关系，也能让他人获得独立成长的空间。

"专注自我"则强调持续提升个人价值。通过设定明确的目标，不断学习新知识、培养专业技能，我们不仅能实现自我价值，也能以更成熟的方式影响他人。

这种处世之道并非冷漠，而是建立在相互尊重基础上的智慧。它让我们明白，真正的关爱不是改变他人，而是以身作则，用自身的成长去影响和激励他人。

第五章

关系重塑，
洞悉人际关系的真相

你是否经常在人际交往中感到困惑：
为何倾注真心，却换不来预期的回应？
看似亲密无间的关系，
背后又隐藏着哪些不为人知的真相？
让我们一起探索那些被忽略的细节，
重塑健康、和谐的人际关系。

别高估与他人的关系，
保持适度边界感

　　我们是否曾经因为"边界"被侵犯而感到烦恼呢？比如，室友未经允许就使用我们的物品。然而，如果我们表达不满，又担心与室友的关系会变得紧张。再比如，朋友利用彼此的亲密关系，借着开玩笑的名义贬损我们。在我们即将爆发时，对方却轻描淡写地说："只是开个玩笑，别这么敏感。"实际上，无论关系亲疏，都需要保持一定的界限。

🍃 什么是边界感

　　我们常常渴望与他人建立起紧密的联系，希望能在彼此的生命中留下温馨的印记。然而，很多时候，我们高估了自己与他人关系的紧密程度，忽视了保持适度边界感的重要性。

　　边界感是指个体在社交互动中为了维护个人隐私、尊严和安全而设定的界限。在人际交往中，若缺乏适当的边界感，即便关系再亲密，也难免产生摩擦和冲突。

心理学中有一个概念叫作"刺猬效应"。在寒冷的冬季，两只刺猬试图相互靠近以取暖，起初由于靠得太近，它们都被对方的刺刺伤。随后，它们调整了姿势，保持了适当的距离，这样既能够相互取暖，又避免了相互伤害。这正是恰当把握边界感的一个形象例证。

当我们的边界受到侵犯时，我们会感到不安、痛苦和恐惧。这实际上是触发了自我保护机制的反应，此时，我们只需要将这些感受表达给对方，让对方了解即可。

任何关系都需要边界感

适度的边界感是维系友谊的坚固基石。安安性格开朗，热爱社交；而圆圆则较为内向，更倾向于独处。起初，安安常常不事先通知就带着圆圆参加各种聚会。圆圆内心其实并不愿意，但为了朋友，总是勉强答应。随着时间的推移，圆圆心中积累了大量负面情绪。最终，圆圆鼓起勇气表达了自己的真实感受，希望安安在邀请自己之前能征询自己的意见。安安这才意识到自己的疏忽。此后，安安在邀请圆圆参加聚会前都会先询问她的意愿。自那以后，两人的友谊不仅未受影响，反而更加深厚。

尊重彼此，朋友间的相处自然更加和谐。

在中国，许多父母会过度干预孩子的生活，如偷看青春期孩子的日记，为孩子选择高考志愿等，美其名曰"为你好"。但他们未曾察觉，这种对子女的干涉已经越过了亲情的界限。

若想维持一段健康的婚姻关系，夫妻间必须明确彼此的界限，绝不要偷偷查看爱人的手机或私人物品，这是对爱人缺乏信任的表现。一旦信任受损，彼此间的亲密关系就难以维系。

🌿 打造舒适的交往空间

理解并恰当设定界限，不仅能够保护我们的隐私，还有助于我们构建和谐的人际关系。因此，在人际交往中保持合适的边界感是至关重要的。

既然如此，我们应该怎么做呢？

首先，我们应当尊重每一个人。我们可能不赞同他人的看法，但必须尊重，避免强迫他人接受我们的观点。

其次，在身体上感到不适，或者在心理层面上感到被冒犯的时候，我们应当鼓起勇气，勇敢地将感受表达出来，而不是选择默默地忍受这一切。我们应该意识到，表达自己的感受是每个人的基本权利，也是维护自身健康和尊严的重要方式。通过沟通和表达，我们不仅可以减轻内心的痛苦，还可以寻求他人的理解和支持，最终找到解决问题的方法。

　　分寸感和边界感并不是在人与人之间、心与心之间建立一道难以逾越的屏障，不是封闭自我、不再关心他人和世界，而是希望在相互交往中更多地顾及彼此的感受，为对方创造更多私域空间，让每个人都能生活得自在、轻松。

勇敢与不适合的圈子 "断舍离"

我们总是会相识形形色色的人，和他们一同分享弥漫在人间烟火中的苦与乐。人际关系就像大海中的洋流，有时会将我们卷入一些并不契合自己的圈子。这些圈子或许曾给予我们片刻的欢笑与慰藉，但从长远来看，它们可能成为我们前进道路上的障碍。勇敢地与不合适的圈子"断舍离"，既是一种智慧，也是一种成长。

"有毒"的社交圈≠人脉

人总是渴望获得归属感，期待被他人接纳和认可。因此，我们会加入各种社交圈。然而，无论是线上的社群还是线下的聚会，并非所有圈子都能为我们带来积极的影响。有些圈子充斥着消极情绪、空洞的闲聊和无谓的攀比，甚至恶意中伤他人。置身于这样的圈子，我们不仅会消耗大量时间和精力，还可能逐渐失去自我和原则。

　　有人或许会辩称，融入圈子是为了扩展人脉，增加发展机会。但仔细想想，如果这些圈子的成员无法为我们提供实质性的帮助，反而让我们陷入无谓的应酬之中，这样的人脉又有何意义？真正的成长，绝非由外界的喧嚣和浮华所堆砌。

🌳 及时远离"低质"社交圈

　　当我们发现自己所处的社交圈总是带来消极情绪时，这意味着该圈子与我们并不匹配。在这种情况下，我们需要坚定决心，勇敢地选择退出。

　　年轻上进的周先生曾经非常热衷于参加各种社交活动，坚信只有融入更多的社交圈子，才能拓展自己的事业版图。然而，在频繁的聚会和应酬中，他逐渐意识到，自己与这些圈子中的人几乎没有什么共同语言，他们讨论的话题往往与自己的价值观相悖，对自己的事业发展毫无助益。

　　因此，周先生决定减少那些毫无意义的社交活动，转而将更多的时间和精力投入到自我提升中。一段时间后，他不仅找到了事业的成长点，还意外地结识了志趣相投的朋友。

社交圈子的质量直接影响着我们的生活质量和幸福指数。因此，及时脱离不合适的社交圈子，精简社交活动，对于提升个人生活品质至关重要。告别低质量的圈子，给那些真正值得的人和事腾出空间，会让生命更加充实与精彩。

高质量社交，为自己减负增能

若想构建高质量的社交网络，净化自己的"朋友圈"，不妨尝试以下几个具体且行之有效的方法：

1. 精简社交媒体好友。定期审视社交媒体上的好友名单，移除或取消关注那些与自己价值观不符的人，多与那些能传递正能量或与自己有共同兴趣的人互动。

2. 参与高质量的社交活动。有目的地参加一些高品质的社交活动，例如行业交流会、专业研讨会等。这些活动往往能使你结识志同道合的人。避免参加那些仅为了消遣或炫耀的聚会，因为在这些场合容易遇到充满"负能量"的人。

3. 明确交友标准。清晰地界定自己的交友标准和期望，这有助于筛选出与自己频率相同的朋友。不要害怕拒绝那些不符合自己标准的人。

4. 培养深度关系。在交友时坚持"宁缺毋滥"的原则，将精力集中在培养少数深度关系上。与志趣相投的人建立深厚的友谊，能够为我们提供更多的支持和帮助。

5. 提升个人价值。持续学习和成长，提高自己的知识水平和素养。当我们变得更加出色时，自然会吸引更多的优秀人士。

6. 学会倾听与沟通。培养倾听他人想法和感受的能力，给予对方充分的关注和尊重。卓越的沟通技巧有助于我们更好地与他人建立联系，相互增进理解。

也许我们会在"断舍离"后感到短暂的孤独与迷茫，但天大地大，那些真正与我们志趣相投，能够传递正能量的朋友总会"有缘千里来相会"。

真正强大的人，
都敢于得罪人

　　我们常常被教导要避免冲突，别轻易得罪人，仿佛得罪人是一种严重的错误。然而实际上，真正强大的个体，在关键时刻是勇于面对冲突、敢于得罪人的。这并不是因为他们天生喜欢与人对立，而是因为他们拥有坚定、明确的原则，对是非对错有着深刻的洞察力。

我们都有得罪人的底气

　　总有一些人，即便生活布满荆棘，也依旧活得肆意洒脱，丝毫不惧怕得罪他人。他们的底气源自内心的强大与坚定。下面故事中的小张就做到了这一点。

　　小张自幼生长在一个对孩子要求极为严苛的家庭，家人总是批评他做得不够好，这让他一度极为自卑，不敢表达自己的想法。长大后，通过不断学习与自我成长，他逐步构建起了强大的内心世界。有一次家庭聚会，亲戚们又像以往那样对他的生活和工作指指点点，话语中充满了质疑与否定。

若是以往，小张可能会默默忍受，但这一次他面带微笑，回应得既得体又坚定有力。这一行为让亲戚们大为惊讶，甚至有人认为他不顾及情面。但小张并不介意，他终于不再为了取悦家人而压抑自我。唯有尊重自己的内心，才能真正成长。

捍卫原则，别怕得罪人

许多人认为，在人际交往中避免得罪他人是维护良好关系的关键，因此他们常常为了追求所谓"和谐"而放弃自己的原则。然而，真正成熟的人深知，无原则的让步只会使自己一步步陷入困境。下面我们就看看发生在小刘身上的故事。

小刘所在的公司与一家企业签订了合作协议。合作期间，对方为了获取更多利益，试图在合同条款上玩弄手段，提出了一些不合理的要求。团队成员担心得罪合作方可能会影响后续的合作，因此主张做出一些让步。

直言，是立场的坚守
　强大的人，敢于面对冲突
　　不畏人言，不惧非议
　　　挺起脊梁，拥抱真实的自我

然而，小刘坚决反对，他认为合同是双方合作的保障，违背合同原则不仅会损害公司利益，还可能引发一系列风险。因此，他果断拒绝了对方的无理要求，并坚定地表明了自己的立场。这一举动让合作方非常不满，甚至威胁要终止合作。但小刘并未退缩，他积极寻找解决方案，通过重新协商和沟通，最终使对方意识到了错误，同意继续合作。

小刘的坚持不仅保护了公司的利益，还赢得了团队成员的尊重和信任。他用实际行动证明，敢于坚持原则并非破坏关系，而是维护底线。只有坚守原则，才能在复杂的人际关系和商业环境中稳固立足。

学会说"不"，勇敢地为自己发声

美国作家拉尔夫·沃尔多·爱默生曾经说过："你的善良，必须有点锋芒，否则等于零。"在日常生活中，我们常常害怕得罪他人，因此选择保持沉默，但这最终可能使我们自己陷入困境。勇敢地为自己发声，可以从学会说"不"开始。拒绝他人并不像想象中那么可怕。

二次成长

在职场中，当我们遇到不合理的任务分配时，不应总是默默忍受。例如，当同事不断将任务推给我们，而我们已经忙得不可开交时，完全可以有礼貌且坚定地表示拒绝。虽然对方起初可能会感到不悦，但只要我们的拒绝合理，最终他们也会尊重我们的决定。

在日常生活中，面对朋友提出的不合理要求，我们也应该学会拒绝。比如，当朋友邀请你参加一个需要投入大量时间的活动时，可以诚恳地告诉对方："我最近感到有些疲惫，打算利用这段时间好好休息。等有更合适的活动时，我再参加吧。"这样既表达了你的想法，又避免了伤害双方感情。

敢于得罪人，并不意味着我们要故意制造冲突，而是在面对不公和不合理时，有勇气表达自己的观点，坚守自己的原则。逐渐培养出敢于得罪人的勇气，我们的生活会变得更加轻松。

即使想做好人，
也要坚守底线

　　杨绛女士曾经说过："我不争，不代表你可以抢；我善良，不代表我好欺负；我能理解，不代表我可以接受；我不惹事，不代表我怕事；我很讲理，不代表我不翻脸；我让步，不代表你可以得寸进尺。"我们常常被教导要做一个善良的人，要怀有善意、乐于助人。然而，无论一个人多么善良，也必须为自己设定明确的底线。

🌳 可以忍让，但要亮出底线

　　许多人认为，扮演好人的角色便能赢得他人的喜爱，但现实往往并非如此。

　　有这样一位慈善家，他一直致力于为贫困地区的儿童提供援助，为此投入了大量时间和资金。起初，他的善行赢得了人们的广泛赞誉。但随着时间的推移，一些心怀叵测的人开始利用他的善良，捏造贫困信息以骗取捐助。

二次成长

意识到这一点后，慈善家并没有为了维护自己好人的形象而继续盲目地提供帮助。他开始仔细审查每一条求助信息，并建立了一套严格的审核机制。尽管这导致了一些试图浑水摸鱼的人对他心生不满，并在背后诋毁他，但他毫不动摇。他说道："我的善意是有底线的，我必须确保每一笔捐款都帮助到那些真正需要的孩子。没有底线的善良是毫无意义的，也是对自己的一种不尊重。"他的坚持不仅使慈善事业更加规范化，也赢得了更多贫困人士的尊重和感激。

我们在日常生活中也不应容忍他人的无理要求，更不应允许他人随意践踏我们的尊严。只有拥有明确的底线，我们的善良才不会被辜负。

守住底线，让善良更加坚定

我们常常会因为心软或不好意思而吞下委屈，总以为给他人留面子就是给自己留面子。实际上，"欺软怕硬"是人性中最常见的阴暗面。下面的老张就有这样的遭遇。

老张是个热心肠的人，邻居们平常一有事就爱找他帮忙。邻居家有一个孩子总是在楼道里大声吵闹、乱扔垃圾，影响到了其他居民的生活。有一次，老张先是默默地清理了孩子扔的垃圾，并委婉地提醒邻居要管好孩子，但邻居并没有重视。老张对邻居有些失望，认为必须严肃处理这个问题。他直接找到邻居，坦率地说："我们都是邻居，互相帮助是应该的，但在公共区域的行为也应有所节制。孩子的行为已经影响到了其他邻居，希望你能加强教育。"

老张的这番话让邻居意识到了自己的问题，及时地教育了孩子。老张并没有因为担心得罪邻居而对不良行为视而不见，他坚守着自己心中的公共秩序和邻里和谐的底线，捍卫了大家的共同利益。

无休止地忍让和委曲求全，并不会赢得他人的感激与理解。当我们学会了坚守底线，善良将不再是无原则的退让。我们将因为这份坚守而变得更加稳定、更加强大。

修炼自身的锋芒

通过逐步的提升与改变，我们能够成为性格坚定、有原则、有锋芒的人。那具体应该怎么做呢？

首先，摒弃讨好型人格的倾向。避免总是过分主动地为他人考虑，频繁地送礼或购物，而应致力于提升个人魅力。真正欣赏我们的人，无须通过讨好来维持关系。

其次，减少过度敏感，保持沉稳心态。不必过分关注他人的评价、感受或一时的失言。内心可以波澜壮阔，但外表应保持平静如水，不轻易表露喜怒哀乐，而不是对任何小事都感到紧张，连表达愤怒都不敢。

再次，远离那些"嘴贱"的人。如果周围有喜欢打击我们，总是通过揭短来嘲讽我们的朋友，必须与他们保持距离，多与那些积极的人相处。

最后，进行积极的自我暗示。经常给自己正面的暗示，如"我配得上一切美好的事物"，告诉自己"我正在变得越来越强大"，避免用自嘲来取悦他人，不说贬低自己来抬高他人的话。

当我们拥有自尊与自信时，就不会轻易向任何人妥协或屈服。只有让善良带有锋芒，我们才能在人际交往中游刃有余。

为什么我们彼此相爱却又彼此伤害

"愿得一心人，白头不相离。"许多人怀揣着美好的愿景，渴望与爱人携手共赴白头。然而，现实往往不尽如人意，许多相爱的人在日复一日的相处中，不知不觉陷入了互相伤害的困境，导致曾经炙热的感情出现了裂痕。那么，在这一切的背后，究竟隐藏着哪些原因呢？

表达与理解的错位

爱本应是两个疲惫心灵彼此慰藉。然而，我们常常因为过度依赖自己的感知和判断，而忽视了对方的真实感受。下面的小凡就是如此。

小凡是一个浪漫主义者，她认为在特别的日子里送上精心挑选的礼物，营造浪漫的约会氛围，是表达爱意的最好方式。她的男友小刘则更注重实际，认为努力工作，为家庭创造坚实的物质基础才是真正的爱。

二次成长

情人节那天，小凡为小刘准备了烛光晚餐，并精心挑选了礼物。但小刘因为加班，很晚才回家，身心俱疲，对小凡的精心安排反应冷淡。小凡感到自己的心意未被重视，伤心地哭了，而小刘则认为小凡不理解他的辛劳，于是两人爆发了激烈的争吵。

这种因表达与理解的错位而导致的冲突，在爱情中屡见不鲜。所以，人们常说的"谈恋爱要长嘴"在此刻便显得话糙理不糙。如果我们能够真诚地沟通，理解对方的感受与需求，那么很多伤害或许都可以避免。

爱的依赖与控制

爱情，有时也会转变为一种束缚。当我们对恋人过度依赖，控制欲便悄然滋生，总期望对方完全按照我们的意愿行事。然而，这种控制往往适得其反，会让对方感到压抑，产生抵触情绪。在现实中，类似的情况屡见不鲜。

娜娜和小伟曾是一对如胶似漆的情侣，他们彼此深爱，几乎不愿分离片刻。但随着时间的流逝，娜娜注意到小伟越来越不愿意和她交流了。每当娜娜试图了解小伟的想法时，他总是显得异常烦躁。娜娜怀疑小伟有了外遇，于是偷偷检查小伟的手机。这一行为让小伟感到极度愤怒和失望，他认为娜娜不尊重他的隐私和个人空间。最终，他们的关系走到了尽头。

爱情绝非占有和控制，即便身体上的距离再近，两颗心也应保持独立和自由。只有尊重对方的意愿和选择，爱情的篇章才能续写得更长久。

走出"相爱相杀"的情感旋涡

爱情犹如一场修行，与爱人的磨合促使我们不断成长和完善自我。当我们意识到自己在爱情中的问题时，应勇敢地面对并做出改变。以下是一些维系情感的小技巧，帮助我们走出"相爱相杀"的情感怪圈。

正确表达爱意

我们常常忽略伴侣深层次的需求，固执于自己表达爱的方式，并认为这是唯一正确的方式。若能用对方接受的方式去爱，那么这种爱将比我们自认为正确的方式更能得到积极的回应。

保持独立，适度依赖

正如作家米希所说："每个人都需要独立的空间来消化爱情，总是黏在一起只会让爱情停滞，最终走向终结。"适度依赖是一种情感联系方式，也是一种相处艺术，只有在独立与依赖之间找到平衡，情侣关系才能和谐美满。

彼此相爱却又互相折磨的背后，隐藏着人性的复杂和情感的纠葛。然而，只要我们勇敢地面对并修正自身的问题，学会倾听、理解和宽容，保持独立和自由，尊重对方的意愿和选择，爱情就能在双方的共同努力下绽放出更加绚烂的光彩。

舒适感是一切亲密关系的关键

与相处融洽的人交往，宛如遇见了另一个自己。美国小说家詹迪·尼尔森曾言："遇见灵魂伴侣的感觉，就像走进一座自己曾经居住过的房子——熟悉那些家具，认识墙上的画、架上的书以及抽屉里的物件；即使在这房子里陷入黑暗，也依然能够自如地四处走动。"这种境界确实令人向往。

舒适是种怎样的体验？

在互联网上检索"人在何时感到最舒适"，你会发现答案五花八门。

有人认为："最舒适的状态，是无须掩饰，也无须刻意表现，脑海中不存杂念。"也有人认为，最令人愉悦的关系是双方可以毫无顾忌地争吵。这种争吵不带指责，吵后感情依旧稳固。在能给予自己安全感的人身边表达真实情感，难道不是一种舒适吗？

这个问题，每个人都有自己的答案。总的来说，在一段关系中感到舒适，至少应该是自在的，能够随心所欲地展现自我。

处处需要谨慎维护的关系，实在是让人别扭，令人疲惫。有时，这种不舒适的感觉就像有鱼刺卡在喉咙里，不吐不快，但又难以启齿，只能默默忍受。

坦诚相待 + 彼此尊重 = 舒适的关系

平等且令人感到舒适的关系，并非仅仅是物质享受或外在条件的简单叠加，而是一种深层次的情感交流和心灵的默契。

只有真诚待人，才能收获真心，使相处变得毫无负担。例如，小王和小章是多年的好友，他们之间无话不谈。有一次，小王在比赛中失利，情绪十分低落。小章并没有袖手旁观，而是真诚地分享了自己过去的失败经历和感受，并给予小王安慰。小王十分感动，心中的阴霾也随之消散。在这份友谊中，他们相处得轻松愉快。相反，如果在亲密关系中总是戴着虚伪的面具，时间一长，双方都会感到疲惫，关系也会逐渐疏远。

　　每个人都是独特的个体，拥有不同的性格、爱好和生活习惯。尊重彼此的差异是营造舒适感的关键。例如，李红和张铭是一对夫妻，李红喜欢热闹，经常邀请朋友到家里聚会；而张铭则偏爱安静，更喜欢二人世界。起初，他们在这件事上经常发生争执。后来，他们开始相互沟通，李红会在邀请朋友之前与张铭商量聚会的时间，而张铭也会尽量在聚会时参与其中。在其他事情上，他们也学会了尊重对方的选择，李红支持张铭的摄影爱好，张铭也能理解李红对时尚的追求。由于尊重彼此的差异，他们的婚姻生活十分和谐与甜蜜。

　　关系中的舒适感源于双方的真诚相待和相互尊重，能为彼此提供一个可以自由呼吸、展现真实自我的空间。在这种关系里，我们无须担心被评判或误解，因为我们深知，对方会用最温柔的目光注视着我们，给予我们无条件的支持与鼓励。

"二八定律"：营造舒适关系的小妙招

　　那么，如何营造一个双方都感到舒适的亲密关系呢？不妨尝试活用一下"二八定律"。

在与人交谈时，八分倾听，二分表达。

正如《简·爱》中所言："一个人的智慧不在于谈论自己，而在于倾听他人谈论自己。"在交流中，我们往往急切地想要表达自己的观点。然而，在亲密关系中，倾听往往比表达更为重要。

在与人交往时，八分肯定，二分否定。

著名电视节目主持人蔡康永曾经说过一句富有哲理的话："别人辱骂你时，你回骂一句，那是吵架；别人赞美你时，你回以赞美，这才是社交。"在亲密关系中，相互尊重尤为重要。我们应当多给予身边的人赞美，让彼此都感受到温暖。

舒适感并非凭空出现，在亲密关系中，我们需要真诚地对待彼此、尊重差异，并保持适当的距离。如果我们能在各种关系中都做到这些，便能享受到真挚情感带来的温馨与幸福。

第六章

开启心智，
重塑你的人生

打破思维的界限，生活即刻充满无限的可能。
曾经看似遥不可及的梦想如今触手可及，
往昔困扰我们的难题也变得易于应对。
我们不再被动地接受生活，
而是积极地塑造生活，
根据自己的愿望和价值观，
打造一个独一无二的人生。

人生没有太晚的开始，
只要你想改变

我们时常感叹"生活一眼就被望穿"。日复一日，早出晚归，在工作与生活之间穿梭；每天伴随着艰辛与疲惫，夜晚也因思绪万千而难以入眠；日日不满现状，渴望改变，却感到无从着手。然而，只要我们保持积极向上的心态，任何时刻开始改变，都为时不晚。

拆房子，不如造房子

有人认为，人生就像一栋房子，一旦我们感到不满，便想将其拆除，重新开始建造。然而，拆除难道比建造更为容易吗？

著名作家哈珀·李在她的经典之作《杀死一只知更鸟》中写道："除非你穿上他的鞋子走一走，否则你永远无法真正理解一个人。"

这句话提醒我们，与其抱怨和破坏，不如努力去理解和构建。

例如，年轻的打工人晓丽曾有相当长的一段时间对自己的生活状态感到极度不满，认为自己每天都不快乐。但是，某一天，她醒悟了，决定改变自己的思维方式，开始逐步调整和改变自己的生活。晓丽从改变日常小习惯开始，接着学习新技能，然后扩大社交圈。随着时间的推移，她意识到，生活无须彻底重建，只需持续用心去"装饰"，就能焕发出新的活力。

当我们觉得生活不如意时，不要急于"拆房子"，尝试去"建房子"，逐步地做出改变，就会发现，一切都可以变得美好。

每个人都有改变的能力

我们常常对那些在特定领域取得显著成就的人心生敬意，认为他们天生就具备非凡的才华。然而，真相并非如此。实际上，每个人的心灵深处，都蕴藏着改变的力量。

例如，老刘在退休前只是一名普通的工人。退休后，他并未选择过安逸的退休生活，而是决定重新追求年轻时的音乐梦想。尽管老刘从未接受过正规的音乐教育，也没有任何表演经历，但凭借对音乐的热爱和不懈的勤奋，他逐渐在当地音乐界崭露头角。老刘的经历让人们深信，无论年龄多大，只要心中怀有梦想，就可以改变。

行动是改变的关键

改变并不取决于起点或背景，而在于我们是否愿意采取行动。每个人都有改变的潜力，关键在于是否愿意相信自己并付诸实践。

改变自我最快捷的方式就是付诸行动，避免沉溺于焦虑或空想之中。以下是一些小建议，或许能为我们提供一些启示。

首先，要对自我有认知，且目标明确。改变的第一步是深入地了解自己。我们需要认识到自己的长处和短处，并明确想要改变的方向和目标。

一旦清楚自己"想要什么"，接下来就是设定具体的目标。这些目标可以是短期的，比如每天阅读半小时；也可以是长期的，例如掌握一项新技能。

其次，制订计划，逐步去执行。制订的计划应包括具体的行动步骤、时间安排，以及可能遇到的挑战和应对措施。计划应具有一定的灵活性，以便在实际情况发生变化时能够及时调整。

在执行计划的过程中，我们需要保持耐心。改变不会一蹴而就，它需要投入时间和持续的努力。我们可以将大目标分解为小任务，每天或每周完成一部分，这样既能保持动力，又能逐步见证改变的成果。

还要保持积极的心态，享受过程。改变不应被视为负担，而应被看作自我提升和成长的旅程。我们应该学会享受改变的过程，珍惜每一次尝试和努力带来的成长与收获。

最后，改变是一个持续的过程，需要我们不断地反思和调整。同时，也要关注自己内心的感受和情绪变化，确保改变的过程是积极和健康的。

现在就开始吧！勇敢地迈出改变的第一步，拥抱未知，挑战自我，让生活因改变而绚烂多彩，让心灵因成长而熠熠生辉。

不是世界有限，
而是你的认知有限

我们常常对世界的局限性感到不满，认为机会稀少，发展处处受限。然而，真正限制我们的并非这个世界，而是狭隘的认知。正如马克·吐温所言："人的思想是了不起的。"认知犹如一扇窗户，其大小决定了我们视野的广度。

突破认知局限，看见多彩的世界

认知是我们理解世界、认识自我的关键途径。然而，认知的局限性宛如无形的牢笼，往往让我们认为世界仅限于自己所见的简单与平凡。当我们努力挣脱这个牢笼，勇敢地探索未知领域时，便会发现，世界远比我们想象的更加丰富多彩。

有些人勇于突破认知的局限，勇敢地探索未知的世界。他们深知，只有不断地学习与成长，才能使自己的视野更加开阔。

例如，小吴原本只是个普通的工人，日复一日地重复着相同的工作，生活既单调又乏味。但是，一次偶然的机会，他阅读了一本关于人工智能的书籍。书中的知识让他眼界大开，他这才意识到，原来世界上还有许多自己未曾触及的领域。于是，他开始自学编程，希望能够在这个充满挑战的领域中找到属于自己的机遇。

经过数年的不懈探索与努力，小吴已经成长为一名技术精湛的程序员。他的世界因一次小小的尝试而变得更加广阔和绚丽。

🌳 越开阔，越乐观

"知命者不怨天，知己者不怨人。"许多人习惯性地抱怨，这实际上源于自身的局限性和视野的狭窄。

认知水平有限的人，往往只能看到命运给予自己的挑战与痛苦。他们内心充满怨恨，整日抱怨命运不公，最终在无休止的牢骚中沉沦，生活也变得越发艰难。

没有谁的人生是一帆风顺的。让自己从命运的困境中解脱出来的最佳方式，就是将生活视为一场修行，将所有的挑战与磨难、快乐与成就，都看作生命的礼物。

无论是好是坏，是喜是悲，都是推动我们对人生有所领悟、对生活有所感悟的因素。每一个因抱怨而未能认真生活的日子，都是对生命的极大不敬。

当我们持续体验生活的各种滋味，深入理解人生，拓展认知的边界时，就会发现：这个世界其实从未刻意为难任何人。

拓宽认知半径，开阔人生新视野

认知觉醒只是起点，真正的成长在于不断提升和深化我们的认知。只有通过不懈学习、深入思考和不断实践，我们的认知才能变得更加深刻和全面。那么，我们应如何开阔自己的认知视野呢？

自我觉察是突破认知局限的第一步，也是至关重要的一步。我们需要时刻关注自己的思维模式和情绪反应，像一个旁观者一样观察自己在面对各种情况时的思考过程和情绪波动。

当我们意识到自己陷入消极的思维模式时，应立即叫停，并自问："我的这个想法是基于客观事实吗？是否还有其他可能的解释？"

通过持续的自我反思和观察，我们能够逐渐认识到自己的认知偏差，为后续的改变奠定基础。

另外，不断学习新知识，接触不同的观点和文化，有助于我们扩宽认知的边界，避免陷入狭隘的思维模式。

阅读各种书籍，参加各类讲座和培训课程，与来自不同背景的人交流……这些活动都能让我们从多个角度去理解世界，使我们的思维方式变得更加多元和丰富。

当认知变得更加多元和开放时，我们看待事物的视角也会变得更加客观。

世界充满了无限的可能，不要让有限的认知阻碍我们前进的脚步。正如古人所言："逆水行舟，不进则退。"只有不断地拓宽我们的认知半径，我们才能看到更广阔的世界，抓住更多的机遇，让自己的人生更加精彩。

敢于直面内心冲突
才是真的长大

内心的冲突，是每个人成长道路上不可避免的挑战。童年时期，我们遇到问题时还能依赖他人，但随着年龄的增长，我们会逐渐意识到，内心经常被各种矛盾所撕扯。只有勇敢地面对内心的冲突，成为自己的"解铃人"，我们才能真正地走向成熟。

直面内心冲突，是蜕变的必经之路

直面内心的冲突并非易事。这需要我们揭开心灵深处隐藏的伤疤，正视那些我们曾经逃避或否认的情感。每一次直面内心的冲突，都是对心灵的磨砺，也是对成长的促进。

有些人自幼便学会了直面内心的冲突，他们可能在家庭中历经诸多变故，又或许在友情中遭受背叛与失望。正是这些经历，使得他们很早就学会了如何应对和处理内心的苦痛与矛盾。他们不逃避，而是勇敢面对，并从中汲取力量，使自己变得更加坚强与成熟。

　　然而，也有许多人是在成年之后才逐渐学会直面内心冲突的。他们最初可能因为各种原因而选择逃避，但随着时间的推移，他们会逐渐意识到，唯有真正面对并解开自己的心结，才能实现真正的成长与蜕变。于是，他们开始勇敢地探索自己的内心世界，去触及那些曾经不敢面对的问题。

🍃 解开心结，收获成长

　　每一次的内心挣扎，都隐藏着成长的契机。可能是我们对自己的认知不够清晰，也可能是我们对他人的期望设定过高，抑或是我们对待生活的态度缺乏积极性，但无论何种原因，只有当我们勇敢地面对这些冲突时，才能真正找到问题的根源，进而找到解决问题的途径。

　　例如，大学刚刚毕业的小明由于长时间没有找到合适的工作而变得很自卑，一直窝在家里避免与人交往，总是担心会遭到他人的嘲笑或拒绝。通过反思和阅读心理学书籍，小明意识到自己其实不必过分担忧，因为许多人也有类似的顾虑和不安。于是，小明开始尝试与他人建立联系，逐渐克服了自己的社交恐惧，并且很快找到了一份中意的工作。在这个过程中，小明不仅解决了内心的矛盾，还帮助了许多与自己有相同困扰的人。

做自己的"解铃人"

直面内心的冲突并非易事，但是只要我们掌握一些策略，就能更有效地解开心结，驱散"负能量"。

首先，我们要倾听内心的声音，识别冲突的根源。当内心出现冲突时，我们需要专注聆听内心的声音。例如，在因职业选择而感到焦虑时，我们可以反思自己是否对薪资待遇、职业发展前景或工作环境等方面抱有过高的期望，从而识别出内心冲突的根源。

在了解冲突的根源之后，我们需要对不同的选择进行理性分析。将每个选择的优缺点一一列出，结合自己的长期目标和实际情况进行权衡。以考研与就业的选择为例，考研可以提高学历，增强未来的竞争力，但可能面临经济压力和再次就业的风险；而就业则能积累工作经验，但可能会失去提升学历的机会。通过这样的分析，帮助自己做出更明智的决定。

一旦做出选择，就要勇敢地付诸行动，并承担相应的后果。不要因为害怕失败而犹豫不决。即使这个选择可能并不完美，但在行动的过程中，我们可以不断地进行调整和改进。这就像创业，可能会遇到资金短缺、市场竞争等挑战，但只有勇敢地迈出第一步，在实践中解决问题，才有可能取得成功。

在直面内心冲突的过程中，我们可能会经历痛苦和挫折，但正是这些经历使我们变得更加坚强和成熟。只有勇敢地面对内心的风暴，我们才能走出属于自己的精彩人生路。

每一次挣扎，都是成长的印记
每一次反思，都是灵魂的拷问
不再逃避，不再沉溺
鼓起勇气，正视内心的纷扰

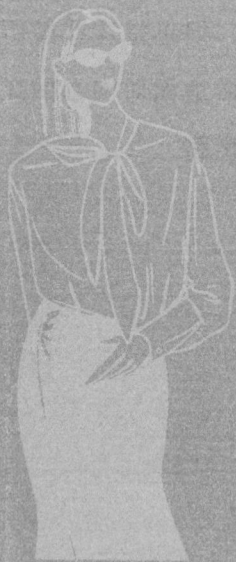

想要活得通透，
就要学会深度思考

　　人们不断探索个人的生活哲学。一些人追求物质上的丰富，另一些人渴望情感上的抚慰，还有些人致力于精神上的觉醒。无论我们的目标是什么，若要活得明白，必须学会深入思考。深入思考不仅仅是对表面现象的分析，更要超越表象，洞察事物的本质。正如苏格拉底所言："未经审视的生活不值得过。"通过深入思考，我们能够领悟生活的真谛，展现真实的自我。

深度思考——解决人生难题的钥匙

　　一位大学教授曾经强调：我们必须不断地进行思考。

　　深入思考有助于构建个人的认知框架，这个框架一旦形成，我们就能应对各种各样的问题。如果说知识框架是将书本上的概念在脑海中连接起来，那么认知框架就是利用这种知识连接，在面对问题时帮助我们做出正确的判断和选择。

　　考试中取得高分，并不代表真正拥有知识；能够在人群中侃侃而谈，也不等同于知识渊博。只有在情况不明、无人指导如何行动，且错误决策可能导致不良后果时，能够依靠知识储备果断做出决策的人，才称得上是真正的知识拥有者。

显然，前者只是了解概念，而后者则是将概念应用于实践以解决问题。

这印证了那句话："听过许多道理，却仍过不好这一生。"原因在于，有些人可能每年阅读 100 本书，却未能进行深度思考，将知识转化为行动。最终，尽管道理显而易见，但由于没有构建起自己的认知框架，他们仍然无法解决自己面临的难题。

提升思考力，生活更通透

没有人的一生会是一帆风顺的，然而真正的智者往往能使自己的人生之路更加顺畅。

生活中并不存在任何捷径。但是，我们可以通过深入思考，提炼出一些心得、智慧、教训和方法，以此来开阔视野，提高洞察力。当我们拥有更广阔的视野时，自然能够更全面、更透彻地看待问题，从而选择恰当的解决方案，使自己更轻松地面对生活中的各种场景。

一个人的思考能力越强，他的视野就越宽广，格局也会随之扩大。当一个人积极地提升自己的认知和思考能力时，他的竞争力就会逐渐显现。他甚至会发现，能够与自己抗衡的对手变得越来越少。

如果能做到这些，我们无疑会变得更加自信，也能更加从容地面对生活。

培养深度思考的能力，其实很简单

深度思考是一种关键的认知技能，它要求我们深入探究问题的核心。以下是一些有助于培养深度思考技能的建议：

1. 勤于提问

特斯拉的创始人马斯克在推动电动汽车发展的过程中，不受传统汽车行业思维的限制，不断地提出问题：为何电动汽车不能像智能手机一样，拥有更便捷的充电方式呢？电池的续航能力为何难以提升？正是这些疑问驱使他不断探索创新，最终使特斯拉汽车在全球范围内取得了巨大成功。在日常生活中，我们也应培养自己提问的习惯，还要不满足于浅显的答案，持续追问"为什么"，以发现更多有价值的信息。

2. 培养批判性思维

面对网络上的新闻报道，我们需要评估信息的来源是否可信，内容是否客观真实。通过训练批判性思维，我们可以避免被虚假信息误导，以更加理性的视角审视世界。

深度思考并非一个人与生俱来的能力，而是通过后天的培养获得的。思考得越深入、越透彻，我们的人生道路也将越顺畅。

走出舒适区，尝试新事物

我们常常沉溺于自己的舒适区，享受着已知的安逸与稳定。然而，正如树木只有经历风雨才能茁壮成长，人生亦需不断挑战自我，去尝试新事物，探索未知的领域。唯有如此，我们才能拓展生命的维度，体验丰富多彩的人生。

舒适区：温柔的陷阱

在现代社会中，人们追求效率和稳定，并在不知不觉中为自己筑起了一片"舒适区"。我们不断重复着熟悉的工作和生活方式，沉溺于现有的成就与安逸状态之中。这种看似稳定的状态实际上就像有一张无形的网束缚了我们的手脚，限制了我们的行动，让我们在不知不觉中失去了探索未知的激情和勇气。

舒适区宛如一个温柔的陷阱，以安逸为诱饵，让我们在享受中逐渐丧失了前进的动力。因此，若要实现自我突破，必须勇敢地走出舒适区，去尝试那些未曾经历过的新事物。

二次成长

拿出智慧与勇气，探索新天地

跨出舒适区，意味着我们必须勇敢地面对未知和不确定。新领域犹如一座未被征服的山峰，既充满诱惑，又潜藏挑战。我们必须摒弃旧有的认知和偏见，以一种开放的心态去接纳新知。在这个过程中，或许会遭遇失败与挫折，但正是这些经历，才能塑造更为坚韧和成熟的自己。

有这样一个事例：创业者老吴计划进入一个全新的行业。在做出决定之前，他进行了深入的市场调研和风险评估，并制订了详尽的商业计划。尽管过程中遇到了许多难题，但凭借坚定的信念和灵活的策略，老吴最终成功实现了业务的转型与升级。老吴的经历告诉我们，走出舒适区并非一蹴而就，我们需要足够的勇气和智慧，去应对可能出现的各种挑战和变化。

勇气让我们敢于面对未知，而智慧则让我们在尝试新事物时保持理性与判断力。面对新挑战，我们既要勇于迈出第一步，又要学会评估风险、制订计划，以确保行动的可行性和安全性。

走出舒适区，让思维再次成长

走出舒适区，并不意味着简单地更换环境，而是意味着思维方式的转变。以下三个方法，希望能助你迈出成长的第一步。

1. 寻找改变的动机

走出舒适区并非易事，我们需要付出一定的代价来直面未知所带来的挑战。因此，在行动前，我们需要进行成本与效益的分析，找到一个明确的方向，以及一个能支撑我们应对所有困难的强大动力。

是勇于寻求更多的职业发展机会，还是止步于憧憬未来？是满足于现状，还是向往更高的人生境界？对内心需求的深入探索，将使我们更容易做出无悔的选择。

2. 改变固化的思维模式

定向的思维模式使我们在处理任何情况时，都倾向于运用自己熟悉的方法。然而，现实生活是不断变化的，如果认知不能随之更新，我们就难以走进认知之外的世界。

走出舒适区，意味着接受新的思维角度与视野。我们可以通过自我反省、与他人交流、跨界学习等方式，改变固化的思维模式。

3. 寻找平衡的支点

如果工作过于舒适，效率会极低；而过于不舒适，效率同样会下降。因此，我们需要找到最佳状态，明确自己的承受限度，在轻松与困难之间找到平衡。

跨出舒适区，并不意味着摒弃愉悦的感受。因为过度追求充满压力的生活，也容易导致行动无法持续。不要好高骛远，不要从难度为 1 的事情一下子跳到难度为 10 的事情，而是逐步增强抗压能力，提升克服困难的信心。

第七章

破茧重生，
迎来更加广阔的人生

成长的旅程无疑会充满挑战和泪水，
但当我们成功地破茧成蝶后，便会发现：
所有的努力都是值得的。
届时，我们将拥有更广阔的视野，
领略前所未见的风景，
在更宽广的舞台上展现才华，
绽放生命的光彩。

不依靠他人，自给自足的
安全感最重要

我们常常不遗余力地追求安全感。然而，越是努力追寻，内心却越发不安。究其原因，是我们总是试图从外部世界寻求什么而忽略了自身的力量。成年人的安全感不应依赖于他人，而是自我赋予。在许多情况下，将安全感寄托于他人是不稳固的，因为真正的安全感，是自己给自己的。

自身强大的人，向来不缺安全感

安全感来源于个体的自我认知和价值的体现。那些能够自给自足的人，往往拥有坚定的内心和清晰的自我价值感。无论外界如何变幻，只要怀揣希望、脚踏实地，便能开拓出属于自己的空间。

婷婷尽管是一名平凡的职场女性，却始终保持着坚韧和独立的精神。面对职场中的性别偏见和竞争压力，她既没有选择抱怨，也没有依赖他人，而是通过不懈努力和持续学习，逐步提升了自身的专业技能和领导能力。在日常生活中，婷婷同样能够自力更生，无论是烹饪美食还是处理家电小故障，她都游刃有余。

许多人与婷婷一样，凭借坚韧和独立，将自己塑造成了生活中的主角。因此，真正的安全感，并非来自他人的施舍或认可，而是源于个人能力的增强和自我价值的实现。

🌿 自给自足，带来从容与自由

自给自足远不止于物质上的独立，它同样涵盖了精神层面的自由与从容。当一个人不再依赖他人的施舍或认可时，他便拥有了选择自己生活方式的自由。

许多人认为依赖他人能够轻松获得帮助，避免独自面对生活的艰辛。然而，他们往往忽略了过度依赖所带来的风险。以"啃老族"为例，他们长期依赖父母的经济支持，从而失去了独立生活的能力。一旦父母的经济状况发生变动，他们便会陷入焦虑和无助之中。相对地，那些能够自给自足的人，不仅能够获得内心的安宁，还

能在这个过程中实现自我提升，并为社会贡献价值。

经济独立 + 精神独立＝坚不可摧的安全感

若感到缺乏安全感，不妨尝试以下两项建议：

首先，培养自己的赚钱能力，实现经济独立。一旦失去经济基础，个人生活便可能完全受制于提供物质支持的一方，一旦对方不满，自己便会感到不安。

经济独立并非出于对金钱的热爱，而是为了给自己一份从容应对生活的信心，避免因金钱问题而违背本意去迎合他人，从而委屈自己。

经济独立也不意味着必须积累巨额财富，关键在于努力提升赚钱的技能，无论多忙，都应投资自我成长。他人提供的资源可能随时被收回，但赚钱的能力是属于自己的，它能让我们摆脱无谓的忧虑。

其次，我们还应加强内心建设，实现精神独立。失去自我意识的生活如同一盘死棋。精神独立意味着拥有自己的兴趣爱好，具备独立思考的能力，不依赖他人，能够自主做出决策，并对自己的选择负责。

　　学会调节情绪对于实现精神独立至关重要。我们可以通过记录情绪日记来梳理思绪和情感；或者经常感恩，对自己已经拥有的东西感到满足。只有理解情绪背后的真实需求，我们才能与自己和解，实现情绪的稳定。

　　真正的安全感，并非来自亲朋好友的给予，也不是建立在恋人之间的相互依赖之上。只有当精神和经济都实现独立时，我们才能获得真正的安全感。当我们学会依靠自己时，才能在生活的波涛中稳如磐石，成为自己人生的主角。

坚持本心，找到属于
自己的人生节奏

一个成就卓越的人能找到自己的生命节奏。每个人都有自己的时间和节奏，人的成长也是如此。有的人少年得志，有的人则大器晚成。或许我们曾经历过迷茫，但只要坚持自己的初心，找到适合自己的人生节奏，就会变得稳重而有力量，展翅翱翔的日子也将不再遥远。

人人都有属于自己的节奏

人们最忌讳的就是盲目从众，一见他人行动便急不可耐地跟风。

实际上，世间万物皆有其固有的节奏。人生不是急于求成，而是要寻找到适合自己的道路，坚信自己终将闪耀，只是每个人绽放的时刻不同。我们需要明确自我定位、目标方向以及行动策略，这些将帮助我们了解自己应踏上何种道路。

在我们尚未清楚自己的道路时，积极尝试无疑是明智之举。没有足够的经历，我们便无法找到自己的节奏。

只有丰富的经历，才能唤醒内心的梦想。当我们持有这样的心态时，便不会抱怨命运，而是以平和的心态面对生活，欣然接受只属于自己的人生。

坚守本心，准备迎接机会

我们应不断学习、深入思考，为未来做好准备。即便在默默无闻的日子里，也应以热爱和成长的心态面对生活。历史上著名的军事家姜子牙七十多岁才迎来机遇，若非多年积累，他或许无法把握住这样的机会。寻找自己的节奏亦是如此。我们需要保持从容淡定，当机会尚未到来时，沉淀自我，做好充分准备。脱颖而出的关键在于个人能力的积累，当机遇来临时，自然能够把握住。

有些人可能坚持不下去，逐渐走向堕落。真正能成大事的人，会成为主宰自己命运的舵手，不会轻易放弃人生的方向与目标。在成长的道路上，做好长远规划，是他们成功的关键。

二 次 成 长

许多人不经意间会被外界事物所影响。若外界发展符合预期，则欣喜若狂；若不符合，则可能陷入深深的焦虑和内耗，甚至影响饮食和睡眠。

自信从容：找寻自己的节奏与目标

实际上，引起焦虑和无助的主要原因是自己被外界的节奏所牵引，导致了失控感和不安全感的产生。那么，我们应如何找回自己的节奏呢？

首先，我们需要将注意力从外界转移到自身，建立以自我为中心的发展信念。我们对事物的看法，往往反映了自己的认知。当自信心不足时，他人的一个动作或一个眼神都可能引起我们长时间"内耗"；当我们对自己的能力产生怀疑时，脑海中会浮现出许多失败的场景。因此，我们需要不断地给自己积极的心理暗示，逐步培养自信心。

其次，我们需要培养从容的态度。当大家都在争执某件事时，我们应保持自己的立场，切勿急躁。一旦失去从容，所做的决定往往带有情绪色彩，失败的概率就会增加。当事情进展缓慢时，我们更应从容地集中精力做好自己手中的事情。不要担心事情的结果是否符合预期，而应相信一切终将朝着期望的方向发展。

最后，我们需要找到自己的主要目标。当我们有了一个清晰的人生目标，自然会将注意力集中在那些有助于快速实现目标的事情上。人生的主线并非一条直线，但只要方向正确，我们所迈出的每一步就都是正确的。

坚持本心，找到属于自己的人生节奏并非一蹴而就，而是需要持续的探索和实践。让我们勇敢地跟随内心的指引，按照自己的节奏前进，在人生的舞台上绽放出独特的光彩。

不被外界定义，
找到真正的热爱

我们似乎总是在他人的期望与评价中徘徊，逐渐模糊了对自己真实愿望的认知。尼采曾经说过："你必须明白自己人生的剧本——它既不是你父母的续集，也不是你子女的前传，更不是你朋友的外篇。"那么，我们该如何摆脱外界的束缚，去追寻自己真正热爱的事物呢？

撕掉标签，活出自我

人们往往急切地为他人贴上标签，以简化对世界的理解。然而，标签往往只是对个体的片面解读，忽略了人的复杂性和多样性。当被贴上"乖乖女""失败者"等标签时，我们是否也曾感到困惑和迷茫？是否也曾试图按照这些标签去塑造自己的生活，却发现那并非真正的自己呢？

真正的热爱，源自内心深处的激情，它不会被外界的标签所限制。以艺术青年阿明为例，他曾经被贴上"叛逆少年"的标签，原因是他对街头艺术情有独钟，喜欢在城市的各个角落留下自己的创作。尽管阿明的行为并未得到主流社会的广泛认同，但他从未放弃自己的热爱。阿明以自己的方式，表达着对生活的态度和对社会的思考。最终，他的作品赢得了越来越多的认可，他也成为一位备受瞩目的艺术家。阿明拒绝被外界贴上标签，勇敢地活出真实的自我，在属于自己的舞台上绽放了光彩。

追随热爱的旅程最快乐

许多人相信，只有遵循大众的定义，才能获得成功与幸福。然而，有些人自幼便对艺术或科学领域怀有浓厚的兴趣。不幸的是，他们的梦想常常遭到周围人的质疑："学艺术有什么用？能赚钱吗？""凭你的能力，还想成为科学家？"这些质疑的话语宛如无形的枷锁，紧紧束缚着他们追逐梦想的脚步。

然而，当我们勇敢地追随内心的热爱时，往往能够见到意料之外的风景。以晓丽为例，她是一个热爱烘焙的年轻人。尽管家人反对，认为这一行不稳定，但她依然坚持深入学习各种烘焙技巧，并尝试创新口味。她从一家小小的面包店起步，尽管初期面临资金短缺和激烈的市场竞争，但从研究产品中获得的幸福感让她坚持了下来。最终，她的面包店凭借独特的风味和卓越的产品质量赢得了顾客的青睐。

追随自己的热爱，不仅能实现个人的梦想，还能带来巨大的成就感和满足感。

找到热爱，让生活动力满满

乔布斯曾经说过："你的一生中，大部分时间都会被工作占据。唯一能让你真正感到满足的方式，就是从事你认为伟大的工作。"因此，找到你所热爱的事物，也就找到了人生的方向。

接下来，我将分享三个小技巧，帮助我们一同探索自己的热爱所在。

1. 勇敢尝试，开阔视野

生活的各个领域都充满了无限的可能在等待着我们

去探索。无论是音乐、运动，还是科技，都有可能成为我们热爱一生的事业。勇敢地探索未知的世界，让新的经历激发我们的兴趣。

2. 跟随感觉，追寻热爱

当你在做某件事时，是否感觉时间仿佛静止，整个人都全神贯注地投入其中？那种愉悦和满足感，是否让你渴望持续地做下去？如果答案是肯定的，那么你已经找到了自己的热爱所在。追随这种感觉，让热爱成为生活幸福的源泉。

3. 要相信直觉

相信自己的直觉，不要被外界的压力和期望所左右。当我们找到那份热爱时，我们会感受到无比满足和幸福，因为我们知道，我们正在做一件有意义的事情。

"热爱可抵岁月漫长。"热爱不仅能带给我们快乐和满足，还能赋予我们勇气和力量。愿我们都能找到自己热爱的事业，让每一天都充满意义！

培养成长型思维，
不断超越自我

　　成长型思维模式使我们相信，通过努力、有效的策略以及他人的帮助，个人能力是可以不断提升的。在面对各种挑战和困难时，如果我们持有固定型思维，很可能会在遭遇挫折时选择退缩，认为自己的能力是固定不变的。相反，成长型思维能够让我们将每一个挑战视为成长的机会，让我们不断超越自我，实现更高层次的发展。

拥有成长型思维的人，不怕困难

　　成长型思维让我们在面对困难时，不会选择逃避或抱怨，而是积极地寻找解决问题的方法。拥有成长型思维的人，能够在挑战中发现潜在的机遇。他们坚信，通过不懈努力和持续学习，自己的能力和智慧将不断提升，从而能够应对更加复杂的挑战。

　　例如，好学的小刘在大学期间成绩平平，但他始终坚持参加各类讲座和在线课程，从未放弃自我提升。大学毕业后，小刘加入了一家知名公司，面对全新的工作环境和挑战，他依然保持着积极的学习态度。通过不断尝试和实践，他逐渐掌握了必要的工作技能，并在团队中脱颖而出。这表明，成长型思维能够帮助人们在面对难题时不断突破自我限制，实现个人价值的最大化。

看到失败背后的宝藏

许多人相信，固定型思维能够避免失败带来的痛苦，但事实上，成长型思维能为我们开辟更广阔的发展空间，丰富我们的人生体验。

那些拥有成长型思维的学生，在学习上往往更加积极主动。他们不畏惧犯错，勇于面对挑战。在某个班级中，老师让学生将错题看作提升自我的"宝藏"，引导他们分析犯错原因，吸取教训。因此，即便面对考试的失利，这些学生也不会气馁，而是将其视为发现知识盲点、提升学习能力的契机。一段时间后，这个班级的整体成绩显著提升，学生们也变得更加自信，学习更加积极。

二次成长

在企业管理中，成长型思维同样扮演着至关重要的角色。一些企业鼓励员工勇于创新、不惧怕失败，将失败视为创新过程中的必经之路。这类企业往往更具活力和竞争力。以谷歌公司为例，它为员工创造了一个宽松的创新环境，支持员工尝试各种新项目。即便项目未能成功，员工也不会受到责罚。在这种文化氛围中，谷歌的员工不断挑战自我，推出了许多新的产品和服务，推动了公司的持续发展。

三招养成成长型思维

拥有成长型思维的人往往更能适应环境，把握机遇。以下三个小建议，有助于我们逐步培养这种思维模式。

1. 转变对失败的态度

不要将失败看作自身能力不足的标志，而应将其视为成长的机遇。例如，在考试成绩不理想时，不要自责，而是要分析哪些知识点掌握得不牢固，以及如何在下一次考试中改进。将失败视为一种反馈，并从中汲取经验，我们就能不断前进。

2. 设定可达成的挑战性目标

不要总是选择那些轻而易举就能完成的任务，偶尔给自己设定一些既有挑战性又能够在努力后实现的目标。在实现这些目标的过程中，我们会不断走出舒适区，从而提升自己的能力。

3. 主动寻求他人的帮助和反馈

不要害怕向他人求助，他人的经验和建议可以帮助我们发现自己的不足，并有针对性地进行改进。我们可以向一些成功人士学习，借鉴他们的经验和方法。

培养成长型思维并非一蹴而就，它需要我们在日常生活中不断地练习和积累。持续地培养这种思维，能使我们不断地超越自我，迎接更加丰富、精彩的人生。

长得漂亮是优势，
活得漂亮是本事

　　在社交媒体上，一张张精致完美的面孔处处可见，广告屏上闪烁的也大多是明眸皓齿、身姿婀娜的模特，美丽的外表似乎无处不在。他们可以轻松地吸引人们的目光，赢得一拨又一拨的赞美。然而，外貌之美会随着时间逐渐消逝，真正能让我们散发光芒的，是活得精彩的能力。

无论长相如何，都要努力奋斗

　　我们的外貌在出生那一刻便已注定。然而，无论身材高矮、体型胖瘦，我们都有权利和资格为自己的人生奋斗拼搏。即便我们相貌普通，依然可以通过不懈的努力，过上向往的生活，达成心中的理想，活得精彩纷呈。

　　有这样一个女孩，名叫莹莹，她出身贫寒，外貌也不出众，甚至在学生时代被同学们戏称为"丑小鸭"。然而，她内心怀揣着不甘平凡的志向，勤奋学习，不断提升自我，最终凭借非凡的才华和坚持不懈的努力，成了一位备受尊敬的企业家。她用自己的经历证明，外貌并不能决定一切，只有活得精彩，才能掌握自己的命运。

🌿 活得漂亮，青春永驻

有句话这样说："人过四十，就得为自己的容貌负责了。"年轻时，每个人都洋溢着青春的活力，但到了四十岁，个人的气质、知识涵养和品德修养就会显现出来。许多曾经英俊潇洒或美艳绝伦的人，到了中年可能满脸皱纹，面容上显露出岁月的痕迹。

然而，一个真正活得漂亮的人，无论年龄多大，都保持着青春和善的面容。这是因为，他们拥有乐观和自信，能够看淡世间的变幻无常，随遇而安，无论处于何种境遇都能泰然自若，并在纷繁复杂的生活里寻找到属于自己的乐趣。

活得漂亮，意味着心中充满对生活的热爱，并善于在平凡中发现不平凡之处。比如从清晨菜市场的喧嚣中感受到生活的气息，在老旧建筑斑驳的墙面上读出岁月的故事。

打造美丽人生

那么，到底怎样做才能活得漂亮呢？

首先，要有目标，有理想，并为之努力奋斗。人这一辈子，不管怎样都会走向衰老，然而大多数人依然在奋力拼搏，延展一生的长度或者广度。若是每天太阳升得很高才起床，不紧不慢地吃过午饭，然后再睡个午觉，一天就这样浑浑噩噩地度过，如此日复一日，年复一年，人生肯定会毫无作为。

其次，经济和思想要独立。经济独立与思想独立是相互依存的，只有经济独立了，才能支撑起思想的独立。要是一切都依赖父母或他人，毫无疑问，自己的发言权就会变得极小，实施自己的想法更是无从谈起。

最后，要有自己的爱好和特长。爱好与特长是人生中自我慰藉的良方，无须太多，但不可或缺。无论是在孤独苦闷时疗愈自己的内心，还是于众人面前展示表演，都是活得漂亮的体现。

　　容貌终会老去，然而镌刻在生命中的精彩与经历，总会在某个瞬间提醒我们:"你的人生之美,独一无二!"

时光的车轮滚滚向前
容颜在岁月中逐渐老去
优雅地生活
成为不朽的诗篇

人生没有白走的路，
每一步都算数

　　胡适先生曾经说过："怕什么真理无穷，进一寸有一寸的欢喜。"人生宛如一场漫长的旅程，途中的每一段经历、每一个选择，无论当时看起来多么微不足道，或是充满挑战与困难，都绝非毫无意义。它们犹如拼图中的小片，共同拼凑出我们独一无二的人生图景，且每一步都在塑造着现在的自我，为未来的道路奠定基础。

🌿 每一步都是生命的馈赠

　　在人生的征途上，我们或许会面临无数的风雨考验，同时也会沐浴在温暖的阳光之下。有些人可能会抱怨命运的不公，质疑自己的人生道路上遍布荆棘，而他人的旅途中似乎总是铺满鲜花。然而，真正理解生活深意的人会明白，每一份艰难困苦，都是生命赋予我们的宝贵财富。

二次成长

例如，有一位李先生，自幼生长在一个经济拮据的家庭，为了减轻家庭的经济压力，他不得不早早辍学去工作。他曾做过体力劳动，也送过外卖，体验了生活的各种滋味。在他人看来，这样的生活无疑充满了艰辛，但李先生从未有过怨言。后来，他通过自学考上了大学，并创立了自己的公司，在所属行业中脱颖而出。回顾往昔，他满怀感慨地说："那些看似平凡的经历，最终都成了我通往成功路上的垫脚石。"

🌿 过往的经历，成就当下与未来

在面对逆境和挑战时，许多人会质疑自己的选择是否明智，甚至会认为那些充满磨难的日子毫无意义。然而，当我们回望过去，便会发现正是这些经历使我们变得成熟与坚韧。

年轻人阿飞的成长经历就很好地体现了这一点。阿飞自幼便开始学习钢琴，投入了无数的时间和精力。虽然他长大后并未成为一名职业钢琴家，而是选择了与音乐无关的职业，但学习钢琴的经历，赋予了他耐心和专注力，同时也提升了他对艺术的鉴赏能力。这些品质在他的职业生涯和日常生活中发挥了至关重要的作用，帮助他在处理复杂任务时能够保持极高的专注度。

无论我们目前处于人生的哪个阶段，过去的每一次经历都已融入我们的生命，推动我们向更优秀的自己靠近。

落子无悔，把握当下

如果你正处于低谷期，且感到迷茫，或者对某个决定感到后悔，不妨培养一种"落子无悔"的心态。

当我们的愿望未能实现时，常常会感到懊恼和后悔，心里想着如果当初不那么做就好了，或者如果选择了另一个选项会怎样。实际上，即使时光倒流，以我们当时的心智和经历，我们可能还会做出同样的选择。选择另一条道路，也许会遇到其他的问题，那些美好的结局，不过是不切实际的幻想。

我们不可能每一步都走得完美无缺，所以不必过分纠结过去发生的事情，也不必为任何一个决定感到后悔，更不必苛责过去的自己。无论是溢出的牛奶、意外的事件、失去的爱人，还是破裂的友谊，我们都在不断地经历。

正如作家三毛所说："上天不给我的，无论我十指怎样紧扣，仍然会走漏；给我的，无论过去我怎样失手，都会拥有。""落子无悔"的核心在于平和地接受一切：接受分离，接受世事的无常，接受孤独与挫败，接受困惑和焦虑，接受个人的遗憾。

不要频繁地回顾过去，自责懊悔。尊重自己的感受，不要用未来去弥补过去的遗憾。我们真正能够掌握的，只有当下。

在未来的日子里，愿我们都能带着一颗平和而坚定的心，迎接生命中的每一个挑战。每前行一步，都是向更优秀的自己靠近。过去的路，无论长短或难易，都已汇聚成我们人生中最宝贵的财富。